改訂3版
わかりやすい
都市再開発法

―制度の概要から税制まで―

都市再開発法制研究会／編著

大成出版社

目　次　I

目　次

第1章　都市再開発の概要

1 都市の再開発と都市再開発法 ……………………………………………2

2 市街地再開発事業の基本的なしくみ ……………………………4

  Ⅰ　市街地再開発事業とは ……………………………………………4

    (1)　市街地再開発事業の定義 …………………………………4

    (2)　事業の目的と効果 ……………………………………………4

    (3)　事業のしくみ …………………………………………………5

    (4)　事業の種類 ……………………………………………………5

  Ⅱ　市街地再開発事業の流れ …………………………………………6

  Ⅲ　市街地再開発事業の進捗状況 ……………………………………8

3 都市再開発法の概要…………………………………………………10

  Ⅰ　都市再開発法の構成…………………………………………………10

    (1)　都市の再開発に関連する都市計画に関する事項…………10

    (2)　市街地再開発事業に関する事項………………………………10

    (3)　認定再開発事業に関する事項…………………………………10

  Ⅱ　都市再開発法における用語について…………………………11

  Ⅲ　都市再開発法の系譜…………………………………………………12

  Ⅳ　都市再開発法制定後の改正状況………………………………14

  確認問題………………………………………………………………17

第2章　市街地再開発事業に関連する都市計画

1 都市再開発方針…………………………………………………………20

    (1)　都市再開発方針の概要………………………………………20

    (2)　都市再開発方針の決定………………………………………21

    (3)　都市再開発方針の策定対象…………………………………21

    (4)　再開発方針策定区域への支援等……………………………22

2 市街地再開発促進区域…………………………………………………23

    (1)　市街地再開発促進区域の概要………………………………23

    (2)　市街地再開発促進区域の決定………………………………23

II　目　次

　　　(3)　市街地再開発促進区域の内容・効果····································24

　3　高度利用地区等の都市計画···26

　　Ⅰ　高度利用地区···26

　　　(1)　高度利用地区の概要··26

　　　(2)　高度利用地区の内容··26

　　Ⅱ　都市再生特別地区···27

　　Ⅲ　特定用途誘導地区···28

　　Ⅳ　特定地区計画等区域···28

　　　(1)　特定地区計画等区域··28

　　　(2)　地区計画制度··28

　　　(3)　再開発等促進区···29

　確認問題··32

第3章　市街地再開発事業の都市計画

　1　市街地再開発事業の都市計画決定·····································36

　　　(1)　市街地再開発事業の都市計画の概要·································36

　　　(2)　都市計画の決定と手続···36

　2　市街地再開発事業の施行区域要件·····································38

　　　(1)　第一種市街地再開発事業の施行区域要件（法第3条）··········38

　　　(2)　第二種市街地再開発事業の施行区域要件（法第3条の2）·····39

　確認問題··42

第4章　市街地再開発事業の概要

　1　市街地再開発事業の施行者と手続·····································46

　　Ⅰ　施行者の類型···46

　　Ⅱ　個人施行者···46

　　Ⅲ　市街地再開発組合···47

　　　(1)　市街地再開発組合の概要··47

　　　(2)　組合の設立認可に係る手続（法第11条第1項）·····················47

　　　(3)　前倒し組合の設立認可に係る手続（法第11条第2項、第

　　　　3項）···49

　　　(4)　市街地再開発組合の解散··50

目次　III

Ⅳ　再開発会社………………………………………………………………52

(1)　再開発会社の概要……………………………………………………52

(2)　会社の施行認可に係る手続（法第50条の2）……………………53

(3)　市街地再開発事業の終了……………………………………………54

Ⅴ　地方公共団体……………………………………………………………54

Ⅵ　独立行政法人都市再生機構等…………………………………………55

2　市街地再開発事業の認可等………………………………………………57

Ⅰ　事業計画…………………………………………………………………57

Ⅱ　市街地再開発事業の認可………………………………………………57

(1)　認可と認可権者………………………………………………………57

(2)　認可の基準……………………………………………………………58

(3)　都市計画事業認可との関係…………………………………………59

(4)　都市計画事業手続との関係…………………………………………59

3　市街地再開発組合の運営等………………………………………………63

(1)　定款……………………………………………………………………63

(2)　組合員…………………………………………………………………63

(3)　役員……………………………………………………………………65

(4)　総会（総代会）………………………………………………………65

(5)　経費の賦課徴収等……………………………………………………67

(6)　参加組合員及び特定事業参加者制度………………………………67

4　事業着手のための調査等…………………………………………………69

(1)　測量・調査等…………………………………………………………69

(2)　建築行為の制限等……………………………………………………70

(3)　事業の周知措置………………………………………………………70

(4)　土地調書・物件調書の作成…………………………………………71

確認問題…………………………………………………………………………72

第5章　第一種市街地再開発事業

1　権利変換手続等に関する事項……………………………………………82

Ⅰ　権利変換の種類…………………………………………………………82

(1)　原則型…………………………………………………………………85

IV　目　次

（2）　地上権非設定型（111条型権利変換）‥‥‥‥‥‥‥‥‥‥87

（3）　全員同意型‥‥‥‥‥‥‥‥‥‥‥‥‥‥‥‥‥‥‥‥‥‥87

Ⅱ　権利変換の手続‥‥‥‥‥‥‥‥‥‥‥‥‥‥‥‥‥‥‥‥89

（1）　権利変換手続開始の登記（70条登記）‥‥‥‥‥‥‥‥‥89

（2）　個別利用区内の宅地への権利変換の申出‥‥‥‥‥‥‥‥89

（3）　地区外転出等の申出‥‥‥‥‥‥‥‥‥‥‥‥‥‥‥‥‥90

（4）　評価基準日‥‥‥‥‥‥‥‥‥‥‥‥‥‥‥‥‥‥‥‥‥90

（5）　権利変換計画の認可等‥‥‥‥‥‥‥‥‥‥‥‥‥‥‥‥91

（6）　権利の変換‥‥‥‥‥‥‥‥‥‥‥‥‥‥‥‥‥‥‥‥‥93

（7）　権利変換の登記（90条登記）‥‥‥‥‥‥‥‥‥‥‥‥‥94

2　工事の開始から事業の完了‥‥‥‥‥‥‥‥‥‥‥‥‥‥‥‥97

Ⅰ　補償金等の支払い‥‥‥‥‥‥‥‥‥‥‥‥‥‥‥‥‥‥‥97

（1）　地区外転出者等への補償（91条補償）‥‥‥‥‥‥‥‥‥97

（2）　土地の明渡しに伴う損失補償（97条補償）‥‥‥‥‥‥‥97

Ⅱ　施設建築物の工事等‥‥‥‥‥‥‥‥‥‥‥‥‥‥‥‥‥‥99

（1）　工事の準備‥‥‥‥‥‥‥‥‥‥‥‥‥‥‥‥‥‥‥‥‥99

（2）　特定建築者（施設建築物の建築の特例）‥‥‥‥‥‥‥‥99

（3）　公共施設管理者（公共施設の工事の特例）‥‥‥‥‥‥102

（4）　事業代行‥‥‥‥‥‥‥‥‥‥‥‥‥‥‥‥‥‥‥‥‥102

Ⅲ　工事の完了‥‥‥‥‥‥‥‥‥‥‥‥‥‥‥‥‥‥‥‥‥103

（1）　工事の完了公告等‥‥‥‥‥‥‥‥‥‥‥‥‥‥‥‥‥103

（2）　価額の確定及び清算‥‥‥‥‥‥‥‥‥‥‥‥‥‥‥‥103

（3）　借家条件の協議・裁定‥‥‥‥‥‥‥‥‥‥‥‥‥‥‥104

（4）　保留床の処分‥‥‥‥‥‥‥‥‥‥‥‥‥‥‥‥‥‥‥104

Ⅳ　登記‥‥‥‥‥‥‥‥‥‥‥‥‥‥‥‥‥‥‥‥‥‥‥‥105

（1）　権利変換手続開始の登記（70条登記）‥‥‥‥‥‥‥105

（2）　権利変換の登記（90条登記）‥‥‥‥‥‥‥‥‥‥‥105

（3）　施設建築物に関する登記（101条登記）‥‥‥‥‥‥‥106

Ⅴ　その他事項‥‥‥‥‥‥‥‥‥‥‥‥‥‥‥‥‥‥‥‥‥107

（1）　審査委員等‥‥‥‥‥‥‥‥‥‥‥‥‥‥‥‥‥‥‥107

目次　v

(2) 区分所有法の特例 ……………………………………………108

確認問題 ………………………………………………………………109

第6章　第二種市街地再開発事業等

1 管理処分手続等に関する事項 ………………………………………116

　Ⅰ　手続の概要 ………………………………………………………116

　Ⅱ　管理処分の手続 …………………………………………………116

　　(1) 譲受け希望の申出等 ………………………………………116

　　(2) 管理処分計画の作成 ………………………………………117

　　(3) 管理処分計画の認可等 ……………………………………119

　　(4) 用地の取得等 ………………………………………………119

　　(5) 施設建築物の工事 …………………………………………120

　　(6) 建築工事の完了の公告等 …………………………………120

　　(7) その他の手続 ………………………………………………120

　Ⅲ　管理処分手続の特則 ……………………………………………120

2 土地区画整理事業との一体的施行に関する事項 ………………121

　Ⅰ　合併施行 …………………………………………………………121

　　(1) 合併施行の概要 ……………………………………………121

　　(2) 合併施行での問題点 ………………………………………121

　Ⅱ　一体的施行 ………………………………………………………122

　　(1) 土地区画整理法における規定 ……………………………122

　　(2) 都市再開発法における規定 ………………………………123

3 再開発事業計画の認定に関する事項（認定再開発事業）………125

　　(1) 認定再開発事業の概要 ……………………………………125

　　(2) 再開発事業計画の認定手続 ………………………………125

　　(3) 再開発事業計画の認定基準 ………………………………126

確認問題 ………………………………………………………………128

第7章　市街地再開発事業に関する税制

1 土地・建物に係る税制について ……………………………………130

2 市街地再開発事業関連税制の概要 ………………………………136

　Ⅰ　権利変換期日前の先行買収による転出者に係る特例 …………136

Ⅵ　目　次

Ⅱ　権利床取得者に係るもの ………………………………………136

Ⅲ　保留床取得者に係る特例 ………………………………………136

Ⅳ　代替地提供者に係る特例（二種のみ） ………………………136

Ⅴ　施行者に係る特例 ………………………………………………136

3　第一種市街地再開発事業に係る特例 …………………………138

Ⅰ　地区外転出者に係る特例 ………………………………………138

Ⅱ　権利床取得者に係る特例 ………………………………………147

Ⅲ　保留床取得者に係る特例 ………………………………………150

Ⅳ　施行者に係る特例 ………………………………………………152

4　第二種市街地再開発事業に係る特例 …………………………153

Ⅰ　地区外転出者に係る特例 ………………………………………153

Ⅱ　権利床取得者に係る特例 ………………………………………156

Ⅲ　保留床取得者に係る特例 ………………………………………158

Ⅳ　代替地提供者に係る特例 ………………………………………158

Ⅴ　施行者に係る特例 ………………………………………………159

5　民間の再開発事業に係る特例 …………………………………160

Ⅰ　特定民間再開発事業 ……………………………………………160

(1)　制度の概要 ……………………………………………………160

(2)　適用対象区域 …………………………………………………161

(3)　特定民間再開発事業の要件 …………………………………161

(4)　地区外転出に係る特別の事情 ………………………………162

Ⅱ　特定の民間再開発事業 …………………………………………163

(1)　制度の概要 ……………………………………………………163

(2)　適用対象区域 …………………………………………………163

(3)　特定の民間再開発事業の要件 ………………………………163

Ⅲ　認定再開発事業 …………………………………………………166

(1)　制度の概要 ……………………………………………………166

(2)　税制の特例措置 ………………………………………………166

(3)　適用要件 ………………………………………………………166

6　市街地再開発事業と消費税 ……………………………………167

目　次　VII

(1)　施行地区内の従前の権利者が地区外に転出する場合 …………167

(2)　施行地区内の従前の権利者が権利床を取得する場合 …………168

(3)　借家権価格の補償について …………………………………………169

(4)　参加組合員の負担金について …………………………………170

索引 …………………………………………………………………171

第1章

都市再開発の概要

1 都市の再開発と都市再開発法……………… 2

2 市街地再開発事業の基本的なしくみ……… 4

3 都市再開発法の概要…………………… 10

1 都市の再開発と都市再開発法

　我が国においては、昭和30年代から始まった高度経済成長と軌を一にして、急速かつ大規模な市街地の拡大がみられましたが、このような都市化現象は同時に多くの都市問題も引き起こしました。こうした都市問題に対応していくためには、いわゆる線引き等によって無秩序なスプロールを抑制する一方で、既成市街地内部の低層過密・用途混在・公共施設不足といった問題もあわせて解決していくことが求められました。

　都市の再開発とは、特に後者の問題に対応していくため、既成市街地を計画的に造りかえ、都市機能の更新や環境の改善を図るために行われるものです。阪神・淡路大震災により、我が国の既成市街地において災害に対する脆弱性を抱えた地域が依然多数存在していることが改めて認識されるとともに、このような市街地における都市再開発の重要性もクローズアップされました。

　また、近年、人口減少・超高齢化社会の到来等を踏まえ、都市圏内で生活する多くの人にとって、暮らしやすい、望ましい都市構造の実現が求められています。そのため、都市機能の集積を促進する拠点と都市圏内のその他の地域を公共交通ネットワークで有機的に連携させる集約型都市構造の実現へ

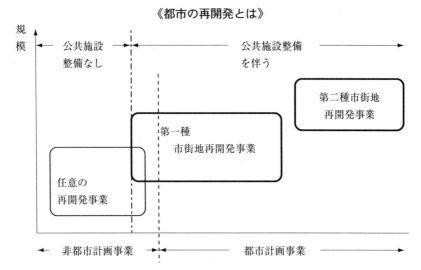

《都市の再開発とは》

の取組みが重要となってきています。

　そのような集約型都市構造を実現するためには、土地の流動化・有効利用の促進に加え、既成の都市機能を更新し、都市の魅力を高めていく必要があり、それらを実現する一つの事業手法として、市街地再開発事業の必要性はこれまで以上に高まっているといえます。

　一般的に都市再開発といっても、建築物の建て替え程度のものから、一定の区域を全面的に再構築するような大規模開発まで様々な類型があります。また、民間が任意に行う再開発等によるものから、公共施設の整備を伴う公共団体施行の市街地再開発事業まで様々です。都市再開発法に基づく市街地再開発事業は、その中核に位置づけられるものであり、ここでは、この法定再開発事業を中心にみていくことになります。

② 市街地再開発事業の基本的なしくみ

　都市再開発法の詳細な説明に入るのに先立ち、あらかじめ、市街地再開発事業の基本的な仕組みを概観しましょう。

Ⅰ　市街地再開発事業とは

⑴　市街地再開発事業の定義

　市街地再開発事業とは、「市街地の土地の合理的かつ健全な高度利用と都市機能の更新とを図るため、都市計画法及び都市再開発法で定めるところに従って行われる建築物及び建築敷地の整備並びに公共施設の整備に関する事業並びにこれに附帯する事業」と定義されています（法第2条第1号）。

⑵　事業の目的と効果

　つまり、市街地内の老朽木造建築物が密集している地区等において、細分化された敷地の統合、不燃化された共同建築物の建築、公園、広場、街路等の公共施設の整備等を行うことにより、都市における土地の合理的かつ健全な高度利用と都市機能の更新を図ることを目的としています。

《再開発事業による改善効果》

	全　　体	組　　合
土地の高度利用	容積率（※）が平均約2.7倍 （約253％⇒約694％）	容積率（※）が平均約3.5倍 （約214％⇒約752％）
道路等の公共施設の整備	整備率が平均約1.2倍 （約27％⇒約31％）	整備率が平均約1.1倍 （約28％⇒約31％）
都市型住宅の供給	1地区あたり約188戸	1地区あたり約215戸
不燃化率の向上	約77％⇒100％	約79％⇒100％
地区数	80地区（都22、住58）	60地区（都17、住43）

　○民間投資効果
　・平均事業費約256億円／地区→国庫補助金額の約8.2倍の投資誘発効果
　　（注）平成30年度～令和4年度に完了した地区及び工区の平均
　　※　完了地区の合計延べ床面積を合計敷地面積で除したもの

(3) 事業のしくみ

① 敷地を共同化し、高度利用することにより、公共施設用地を生み出す。

② 従前権利者の権利は、原則として等価で新しい再開発ビルの床に置き換えられる（権利床）。

③ 高度利用で新たに生み出された床（保留床）を処分し、事業費に充てる。

(4) 事業の種類

市街地再開発事業は、第一種市街地再開発事業と第二種市街地再開発事業とに区分されます。

第一種市街地再開発事業は、昭和44年の都市再開発法制定当時より設けられている事業手法であり、施行地区内の従前の権利を一括して新しい権利に変換する権利変換と呼ばれる手法によって行われます。（第5章参照）

これに対し、第二種市街地再開発事業は、昭和50年の都市再開発法改正によって創設された事業手法であり、一定面積以上の大規模な事業であって早急に実施することが特に必要な事業という位置づけから、都市計画法第69条の規定による土地等の収用権を付与し、全面買収方式によって行われるものです。（第6章参照）

《市街地再開発事業とは》

目的：市街地の土地の合理的かつ健全な高度利用と都市機能の更新

① **第一種市街地再開発事業〈権利変換方式〉**

　権利変換手続により、従前建物、土地所有者等の権利を再開発ビルの床に関する権利に原則として等価で変換する。

② **第二種市街地再開発事業〈管理処分方式（用地買収方式）〉**

　公共性・緊急性が著しく高い事業で、一旦施行地区内の建物・土地等を施行者が買収又は収用し、買収又は収用された者が希望すれば、その代償に代えて再開発ビルの床を与える。

《再開発事業のしくみ》

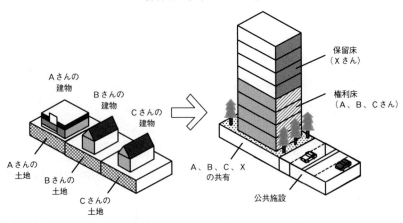

Ⅱ 市街地再開発事業の流れ

　市街地再開発事業は、次ページ図に示す一連の手続によって、施行地区内に従前の権利者が所有していた建築物等を除却し、いったん更地とした上で新しい道路・公園等の公共施設の整備された再開発ビル（**施設建築物**）の整備を行う事業です。

　市街地再開発事業においては、従前権利者の権利は、第一種市街地再開発事業においては**権利変換**によって新しく建築される施設建築物等に関する権利に一括して変換されますが、従前権利者が従前権利に見合う形で事業の実施後に取得する施設建築物の床のことを通常「**権利床**」と呼んでいます。

　また、第二種市街地再開発事業においては、従前権利者の権利は、施行者によっていったん全面的に買収されますが、従前権利者が完成した施設建築物等の権利を譲り受けることを希望する場合には、このような譲り受けが確実に担保される仕組みが法律上講じられています。

　さらに、市街地再開発事業は、従来十分な高度利用が行われていなかった土地の区域において「健全かつ合理的な高度利用」を図る事業であるので、施設建築物の床に、いわば余剰の部分が生じることとなります。このような余剰な床のことを通常「**保留床**」と呼んでいます。

　そして、従前の権利者が追加的に購入したり（**増床**）、公募により第三者

に売却したりして、市街地再開発事業に必要な資金を賄うために使われることになりますが、この保留床を売却して得られた資金のことを通常「**保留床処分金**」と呼んでおり、一般的に総事業費の約5割を占めています。

《市街地再開発事業のフロー》

第一種市街地再開発事業	第二種市街地再開発事業
高度利用地区等の都市計画決定	高度利用地区等の都市計画決定
市街地再開発促進区域の都市計画決定	
第一種市街地再開発事業の都市計画決定	第二種市街地再開発事業の都市計画決定
第一種市街地再開発事業の施行認可等	第二種市街地再開発事業の施行認可等
地区外転出の申出	譲受け希望の申出
権利変換計画の決定	管理処分計画の決定
権利変換期日（権利変換）	用地買収
土地の明渡し等	
建築物等の工事の着手	建築物等の工事の着手
工事の完了	工事の完了
清算・保留床処分等	清算・保留床処分等

8　**2**　市街地再開発事業の基本的なしくみ

Ⅲ　市街地再開発事業の進捗状況

　市街地再開発事業は、令和5年3月末現在で、全国で1023地区（1449.09ha）で事業が完了しており、これに都市計画決定済以降のものを加えると1190地区（1701.81ha）となります。

　代表的な第一種市街地再開発事業としては、東京都の銀座六丁目10地区（GINZA SIX）、土浦市の土浦駅前北地区（アルカス土浦）や広島市の広島駅南口Bブロック（BIG FRONT ひろしま）があります。

　また、代表的な第二種市街地再開発事業としては、東京都の環状第二号線新橋・虎ノ門地区（虎ノ門ヒルズ他）や大橋地区（首都高速中央環状線大橋JCT）、大阪市の阿倍野地区（あべのキューズタウン他）があります。

　これらの市街地再開発事業によりできた建築物はランドマークとして街の顔となっており、人の往来が増え街が活性化する等、副次的効果も小さくありません。そのため、市街地再開発事業は、住環境の改善や街の防災化に役立つだけではなく、地区を面的に再開発することで、街の若返りにも貢献する事業といえます。

《市街地再開発事業の施行地区数とその内訳》

施　行　者	進　捗　段　階				合　計
	事業完了	権利変換計画決定	事業計画決定	都市計画決定	
個　　　　人	167	9	5	3	184
組　　　　合	633	65	34	38	770
再 開 発 会 社	15	1	1	1	18
地 方 公 共 団 体	146	3	3	1	153
都 市 再 生 機 構	51	1	1	1	54
地方住宅供給公社	11	0	0	0	11
合　　計	1023	79	44	44	1190

（単位は地区数。令和5年3月31日現在）

《施行者別の市街地再開発事業の規模》

施 行 者	全 体	個 人	組 合	公共団体	機 構	公 社	会 社
施行地区面積	1.5ha	0.7ha	1.1ha	5.9ha	2.7ha	0 ha	1.6ha
従前状況							
容 積 率	172%	207%	192%	88%	228%	0 %	255%
延べ床面積	18,570㎡	8,088㎡	14,837㎡	39,231㎡	44,951㎡	0 ㎡	32,133㎡
従後状況							
容 積 率	658%	422%	738%	535%	927%	0 %	462%
延べ床面積	60,030㎡	16,519㎡	52,228㎡	154,605㎡	163,416㎡	0 ㎡	55,396㎡
地 上 階 数	20.7階	14.0階	22.3階	14.1階	30.5階	0 階	14.9階

※　平成30年度～令和４年度に完了した地区及び工区の平均

3 都市再開発法の概要

I 都市再開発法の構成

都市再開発法は、主として以下の都市計画や市街地再開発事業等に関する事項で構成されています。

(1) 都市の再開発に関連する都市計画に関する事項

高度利用地区や地区計画などは都市計画で定められていますが、以下の都市の再開発に関連する都市計画に関する事項は、制度上市街地再開発事業の施行等と密接な関係を有することから、都市再開発法に規定されています。

① 都市再開発方針に関する事項（第2章参照）
② 市街地再開発促進区域に関する事項（第2章参照）

(2) 市街地再開発事業に関する事項

市街地再開発事業自体に関する事項とは、市街地再開発事業の実施の方法について直接規定している事項で、具体的には第一種市街地再開発事業及び第二種市街地再開発事業に関する以下の事項を指しています。

① 施行者に関する事項（第4章参照）
② 市街地再開発事業の都市計画決定に関する事項（第3章参照）
③ 施行者の認可等に関する事項（第4章参照）
④ 事業着手のための調査等に関する事項（第4章参照）
⑤ 権利変換手続等に関する事項（第5・6章参照）
⑥ 管理処分手続等に関する事項（第5・6章参照）

(3) 認定再開発事業に関する事項

認定再開発事業制度は、優良な民間の再開発事業を都道府県知事が認定することで、税制等のインセンティブを付与することにより事業の推進を図るものです。これは、同じ都市再開発法に規定されているものの、市街地再開発事業とは別のスキーム事業の要件、手続等の事業です（第6章参照）。

Ⅱ　都市再開発法における用語について

　都市再開発法において定義されている用語は以下のとおりです。

「市街地再開発事業」……市街地の土地の合理的かつ健全な高度利用と都市
　機能の更新とを図るため、都市計画法及び都市再開発法で定めるところに
　従って行われる建築物及び建築敷地の整備並びに公共施設の整備に関する
　事業並びにこれに附帯する事業をいい、第一種市街地再開発事業と第二種
　市街地再開発事業とに区分される。

「施行者」……市街地再開発事業を施行する者をいう。

「施行地区」……市街地再開発事業を施行する土地の区域をいう。

「公共施設」……道路、公園、広場等公共の用に供する施設をいう。

「宅地」……公共施設の用に供されている国、地方公共団体等の所有する土
　地以外の土地をいう。

「施設建築物」……市街地再開発事業によって建築される建築物をいう。

「施設建築敷地」……市街地再開発事業によって造成される建築敷地をいう。

「施設建築物の一部」……建物の区分所有等に関する法律第2条第1項に規
　定する区分所有権の目的たる施設建築物の部分（同条第4項に規定する共
　用部分の共有持分を含む。）をいう。

「施設建築物の一部等」……施設建築物の一部及び当該施設建築物の所有を
　目的とする地上権の共有持分をいう。

「建築施設の部分」……施設建築物の一部及び当該施設建築物の存する施設
　建築敷地の共有持分をいう。

「借地権」……建物の所有を目的とする地上権及び賃借権をいう。ただし、
　臨時設備その他一時使用のため設定されたことが明らかなものを除く。

「借地」……借地権の目的となっている宅地をいう。

「借家権」……建物の賃借権をいう。ただし、一時使用のため設定されたこ
　とが明らかなものを除く。

Ⅲ　都市再開発法の系譜

　都市再開発法は、昭和44年に制定されましたが、本法の制定に至るまでには主として2つの大きな流れがありました。このうち1つは、昭和36年に制定された**市街地改造法**（公共施設の整備に関連する市街地の改造に関する法律）であり、もう1つは同じく昭和36年に制定された**防災建築街区造成法**です。

　市街地改造法は、更に遡ると、昭和29年に制定された土地区画整理法第93条に規定する立体換地に起源を有するとはいえ、いわばこの制度を収用事業として1つの独立した法体系として構成したものです。すなわち、市街地改造法は、一定規模以上の道路、広場等の重要な公共施設の整備と関連してその付近の土地の高度利用を図るための建築物及び建築敷地の整備を行うことを目的としていました。

　これに対し、防災建築街区造成法は昭和27年に制定された耐火建築促進法の流れに属するものですが、あくまで建築物の不燃化・共同化に対する助成法としての性格を有するもので強制権や権利調整手法に係る規定が設けられていませんでした。これらの法律は、いずれも昭和44年の都市再開発法の制定に伴い廃止されましたが、こうした名残で、市街地再開発事業は都市局と住宅局の両局で担当しています。なお、都市再開発法の条文がどの法律に起源を有するものかという視点から条文をみるのも、都市再開発法を理解するのに役立つかもしれません。

第 1 章　都市再開発の概要

《都市再開発法の系譜》

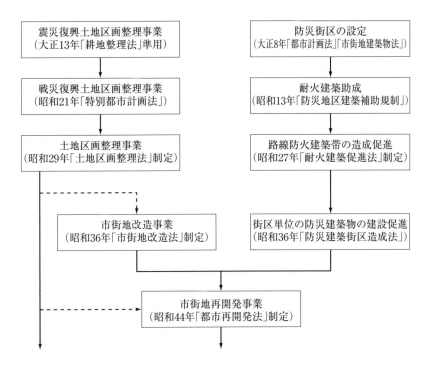

14   **3** 都市再開発法の概要

Ⅳ　都市再開発法制定後の改正状況

○昭和44年

　・都市再開発法制定

○昭和50年度改正

　・個人施行者制度の創設

　・市街地再開発促進区域制度の創設

　・施行区域要件の緩和（耐用年限を導入し、その2/3を経過したもの、地
　　上階数2以下の建築物等を非耐火建築物とする）

　・第二種市街地再開発事業の創設

○昭和55年度改正

　・都市再開発方針の策定

　・施行区域要件の緩和（建築面積100㎡未満の建築物等を非耐火建築物と
　　する、第二種市街地再開発事業の施行区域面積要件を3ha以上から1ha
　　以上に　等）

　・施行主体の拡大（個人施行者に同意施行者、施行主体に首都高速道路公
　　団等を追加）

　・権利変換特則の拡充（個人、組合施行でも地上権非設定型権利変換を認
　　める）

　・特定建築者制度の創設

　・公共施設の管理者等による工事の特例の創設

○昭和63年度改正

　・再開発地区計画制度の創設

　・施行区域要件の緩和（建築面積150㎡未満の建築物、指定容積率1/3未満
　　の建築物を非耐火建築物に）

　・権利変換特則の拡充（公共団体等施行の場合も全員同意型権利変換を認
　　める）

○平成元年度～平成11年度改正

・都市再開発方針の策定対象区域の拡大

・施行区域要件の緩和（再開発地区計画、地区計画等を追加　等）

・再開発地区計画制度の拡充

・立体道路制度の創設

・特定事業参加者制度の創設

・認定再開発事業制度の創設

・市街地再開発組合の総会の特別議決による解散制度の創設

・転出者の補償金の算定方法に物価変動修正率の導入

・特定建築者制度の拡充（権利床を含む建築物を対象として追加）

・土地区画整理事業との一体的施行制度の創設

○平成14年度改正

・再開発会社を施行者に追加

・施行区域要件の緩和（都市再生特別地区を追加）

・再開発地区計画制度の都市計画法への統合

○平成17年度～18年度改正

・前倒し組合における事業計画の決定手続の変更（組合員への事業計画案
の周知　等）

・組合における決算関係書類や会計の帳簿等の閲覧・謄写（事務所への備
え付けの義務化　等）

・防災再開発促進地区における第二種市街地再開発事業の施行区域要件の
緩和（0.5ha以上から0.2ha以上へ）

○平成28年度改正

・施行区域要件の緩和（特定用途誘導地区の追加、耐火建築物の算定方法
の見直し）

・個別利用区制度の創設

・施設建築敷地内の都市高速鉄道に関する特例の創設

16 **3** 都市再開発法の概要

・施行地区内の権利者等の全ての同意を得た場合の特則の拡充
・施設建築物敷地を一筆の土地としないこととする特則の創設

第1章　都市再開発の概要　　17

確認問題　第1章

問　題

No.1　都市再開発法における用語の定義に関する次の記述のうち、正しいものはどれか。

1．学校教育法第2条第2項に規定する公立学校はすべて公共施設である。
2．地方公共団体が所有する土地で、公共施設の用に供されていない土地はすべて宅地である。
3．施設建築物の一部には、施設建築物の共用部分の共有持分は含まれない。
4．施設建築物には、特定建築者が建築する建築物は含まれない。
5．建築施設の部分とは、いわゆる原則型の権利変換計画に定められる施設建築物及び施設建築敷地に関する権利の内容である。

解　説

1．誤：都市再開発法第2条第4号、同施行令第1条より、公立学校のうち、小中学校のみが対象となる。（都市計画法の公共施設は公立学校が含まれていないので注意。）
2．正：都市再開発法第2条第5号。
3．誤：都市再開発法第2条第8号より、共用部分を含む。
4．誤：都市再開発法第2条第6号より、施行者、特定建築者を問わず、事業によって建築される建築物をいう。特定施設建築物（第99条の2第3項）とは、施設建築物の一つである。
5．誤：都市再開発法第2条第10号、第111条より、建築施設の部分とは、いわゆる特則型の権利変換計画に定められる施設建築物及び施設建築敷地に関する権利の内容である。

正解　2

18　確認問題

問 題

No. 2　都市再開発に関する法律についての次の記述のうち、明らかに誤っているものはどれか。

1．都市を大火から守るため市街地の不燃化を促進する考え方は、昭和27年の耐火建築促進法、昭和36年の防災建築街区造成法を経て、昭和44年の都市再開発法まで受け継がれている。

2．昭和44年に制定された都市再開発法において、土地の高度利用が法律の目的として掲げられた。

3．都市再開発法の制定にあたっては、それまでに土地区画整理法や「市街地改造法」（公共施設の整備に関連する市街地の改造に関する法律）により行われてきた公共施設の整備を主たる目的とした再開発を促進するという社会的要請も反映された。

4．昭和55年の都市再開発法改正により、施行者以外で施設建築物を取得する者に当該施設建築物の建築を行わせることにより施行者の資金負担等の軽減を図るため、特定業務代行者制度が導入された。

5．平成10年の都市再開発法改正により、地方公共団体の施行する事業においても、組合施行における参加組合員に相当する特定事業参加者の制度が導入された。

解 説

4．誤：設問は、特定建築者のことを説明している。

　　業務代行とは、通達に基づく業務方式であり、施行者又は施行予定者からの委託に基づき、事業推進に関する業務の相当部分を民間事業者が代行するものである。

　　建築等工事施行業務を含まない一般業務代行と建築等工事を含む特定業務代行がある。

正解　4

第2章

市街地再開発事業に関連する都市計画

1 都市再開発方針……………………………… 20

2 市街地再開発促進区域…………………… 23

3 高度利用地区等の都市計画……………… 26

1 都市再開発方針

(1) 都市再開発方針の概要

都市計画法第6条の2では、都市計画区域において、「整備、開発又は保全の方針」を都市計画に定めることとしているが、このうち人口の集中の特に著しい政令で定める大都市を含む都市計画区域においては、再開発の目標、当該市街地の土地の高度利用及び都市機能の更新に関する方針を明らかにした**都市再開発方針**を定めなければならないものとされています（法第2条の3第1項）。

この都市再開発方針は、都市再開発の長期的かつ総合的なマスタープランとしての性格を持つものであり、都市再開発に関する個々の事業について都市全体からみた効果を十分に発揮させること、民間建築活動を適正に誘導し

《都市再開発方針の指定例（名古屋市）》

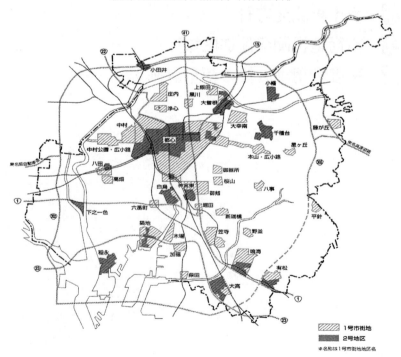

て民間投資の社会的意義を増加させること等を主たるねらいとしたものです。

(2) 都市再開発方針の決定

　都市再開発方針の都市計画決定は、指定都市の区域も含め、都道府県が定めることとされています（都市計画法第15条）。

　都市再開発方針は、従前は都市計画の「整備、開発又は保全の方針」の一部として位置づけられていましたが、平成12年の都市計画法の改正により、独立の都市計画とされています。

(3) 都市再開発方針の策定対象

　政令で定められた21の大都市においては、都市再開発方針を定めることが義務付けられていますが、既に都市再開発方針の策定は完了しています。

　また、上記以外の都市においても、都市再開発方針が積極的に策定されており、さらには、中心市街地の商業機能等の郊外移転等に伴う空閑地や低未利用地の増加等が顕在化していることなどを踏まえて、平成10年の都市再開発法の改正により、都市再開発方針の策定対象が市街化区域を有する全国の都市計画区域に拡大され、二号地区と同趣旨の二項地区を定めることとされました。なお、これらの都市では、都市再開発が必要な地区の規模はそう大きくないことから、法第2条の3第1項第1号で定めるような市街地に係るものは定めなくてよいこととなっています（法第2条の3第2項）。

《**都市再開発方針の策定対象**》

① 政令で定める都市計画区域内にある、計画的な再開発が必要な市街地（いわゆる**一号市街地**）

② 上記の市街地のうち、特に一体的かつ総合的に市街地の再開発を促進すべき相当規模の地区（いわゆる**二号地区**）

③ 上記の都市計画区域以外で、計画的な再開発が必要な市街地のうち、特に一体的かつ総合的に市街地の再開発を促進すべき相当規模の地区（いわゆる**二項地区**）

22　**1**　都市再開発方針

《都市再開発方針の策定状況》

		箇所数	面積(ha)	割合(%)
計画的な再開発が必要な市街地 （※1）	一号市街地	283	173,700	27.6%
	二項市街地	219	43,659	6.9%
	合　計	502	217,359	34.6%
再開発促進地区（※2）	二号地区	639	27,367	4.4%
	二項地区	191	4,102	0.7%
	合　計	830	31,469	5.0%
上記市街地地区を含む市街化区域		—	628,496	100.0%

（令和5年3月31日現在）

（※1）二項市街地とは、一号市街地以外で、特に一体的かつ総合的に市街地の再開発を促進すべき相当規模の地区を指す。

（※2）再開発促進地区とは、特に一体的かつ総合的に市街地の再開発を促進すべき相当規模の地区を指す。

(4)　再開発方針策定区域への支援等

　二号地区や二項地区においては、以下の支援措置が講じられています。

① 　保留床処分に係る公募の特例（法第108条第1項第4号）

② 　税制の特例

　　ア 　特定民間再開発制度（買換特例）

　　イ 　特定の民間再開発事業制度（軽減税率）

　　ウ 　認定再開発事業に対する税制特例　　　　等

③ 　都市再開発資金の貸付（地方公共団体による都市機能更新用地の買取り）

④ 　地区再開発事業の国庫補助採択要件の緩和（面積要件）　等

　また、国及び地方公共団体は、二号地区、二項地区内において、市街地再開発事業等実施等所要の施策を講ずるよう努めるものとされています（法第2条の3第3項）。

2 市街地再開発促進区域

(1) 市街地再開発促進区域の概要

　市街地再開発促進区域とは、高度利用地区等の区域内の土地のうち、特に計画的かつ早急に再開発を必要とする地区について、何らかの事情で市街地再開発事業やその他の再開発には至らないものを都市計画上位置づけ、民間による計画的な再開発を推進しつつ、官民が共同して良好な都市環境を創造しようとする制度です。

　市街地再開発促進区域は、第一種市街地再開発事業の施行区域要件（第3章参照）に合致するなど、一定の条件を満たす土地の区域で定められ、その区域内の宅地の所有者又は借地権者による市街地の計画的な再開発の実施を定めることができます。

　したがって、地権者による再開発を待つまでもなく公的主体が緊急に市街地再開発事業を施行すべき区域については、市街地再開発促進区域を定めることができないこととされています（法第7条）。

(2) 市街地再開発促進区域の決定

　市街地再開発促進区域に関する都市計画においては、名称、位置、区域等のほか公共施設の配置及び単位整備区を定めることとされています（法第7条第2項）。

　単位整備区とは、市街地再開発促進区域内における建築敷地の造成及び公共施設の用に供する敷地の造成を一体として行うべき土地の区域の最小限度ともいうべきものであり、市街地再開発促進区域は一つ又は数個の単位整備区から構成されることとなります。

　市街地再開発促進区域が決定されると、区域内の権利者は、できる限り速やかに個人施行、市街地再開発組合又は再開発会社施行によって第一種市街地再開発事業を施行するほか、都市計画適合建築物の建築等、市街地再開発促進区域の都市計画の目標を達成するための事業を施行するという努力義務を負うことになります。

24　■2　市街地再開発促進区域

　これに対し、市街地再開発促進区域を都市計画決定した市町村は、当該都市計画決定の告示の日から5年以内に第一種市街地再開発事業、認定再開発事業等が着手されていないときは、施行の障害となる事由がない限り、自ら第一種市街地再開発事業を施行するものとされています。また、これに関連して、宅地の所有者及び申告借地権者のそれぞれ及び合計の3分の2以上の要請があったときは、5年以内であっても第一種市街地再開発事業を施行することができるものとされています。

　なお、この場合、都道府県、独立行政法人都市再生機構、地方住宅供給公社は、当該市町村と協議のうえ、第一種市街地再開発事業を施行することが可能です（法第7条の2）。

(3)　市街地再開発促進区域の内容・効果

　市街地再開発促進区域内においては、一定期間内に大規模な共同建築物を建築しようとする制度の趣旨を踏まえ、本来、高度利用地区に関する都市計画に適合することを要しない木造等の二階建て以下の建築物の建築についても都道府県知事の許可を要することとされています。これに対する違反行為に対しては、都道府県知事は違反是正措置（例えば、建築行為の禁止、建築物の除却命令等）を命ずることができます（法第7条の5）。

　他方、このような許可を得られない場合における地権者の救済措置として、都道府県知事に対する土地所有者の**買取申出制度**が設けられています。具体的には、市街地再開発促進区域内の土地の所有者から、建築許可がなされないときは、その土地の利用に著しい支障を来すこととなることを理由として当該土地を買い取るべき旨の申出がなされたときは、都道府県知事（都道府県又は市町村が買取りの相手方として公告されたときはこれらの者）は、特別の事情がない限り当該土地を時価で買い取ることとされています（法第7条の6）。

　また、買い取られた土地については、第一種市街地再開発事業の施行者等に対して譲渡又は賃貸することができることとされています（法第7条の7）。

　なお、市街地再開発促進区域は、全国で86地区（68.6ha）が都市計画決定されています（令和4年3月31日現在）。

《市街地再開発促進区域制度の位置づけ》

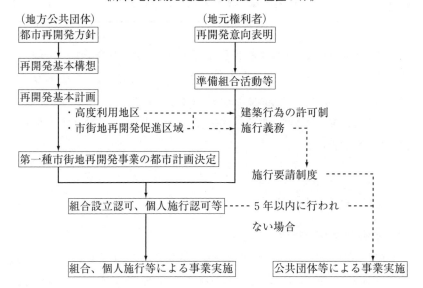

③ 高度利用地区等の都市計画

　市街地再開発事業を実施する場所は、施行者の種類や事業手法にかかわらず、その施行要件として、以下に掲げる都市計画の決定がなされた一定の区域内（第3章参照）にある必要があるとされています。

　ここでは、市街地再開発事業の都市計画決定に先だって必要となる都市計画について解説します。

Ⅰ　高度利用地区

(1)　高度利用地区の概要

　高度利用地区とは、都市計画法第8条に規定される地域地区の一つであり、「用途地域内の市街地における土地の合理的かつ健全な高度利用と都市機能の更新を図る」ことを目的としています（都市計画法第9条第20項）。

　適正な配置及び規模の公共施設を備えた土地の区域について、建物の容積率の最高限度及び最低限度、建ぺい率の最高限度、建築面積の最低限度等を定め、道路に接して有効な空地を確保し、容積率制限及び斜線制限を適用除外とすることにより、高度利用建築物の建築へ規制誘導し、市街地環境の向上を図るものです。

(2)　高度利用地区の内容

　容積率規制は都市計画区域内のすべての区域に適用されていますが、これは容積率の最低限度を規制することが目的であり、その範囲内において、いかなる容積の建物を建てるかは原則として個人の自由に任せられています。

　一方、高度利用地区の区域は、土地利用が細分化され、かつ低度利用されている区域で指定されます。

　高度利用地区では建築面積の最低限度により、いわゆるペンシルビル等の建設を抑制するとともに、建ぺい率の最高限度を一般の用途地域に比べて厳しく設定する、あるいは、壁面の位置を制限することによって敷地内に有効

な空地を確保することとしており、その引き替えとして容積率の割増を認めています。

また、高度利用地区内における建築制限は、木造等で階数が2以下の容易に移転あるいは除却することができる建築物等については適用されないこととなっており、実質的には堅固な建築物のみに対する規制であることから、高度利用地区は、いわば中高層耐火の建築物の共同建築促進地区という位置づけがなされています。

《高度利用地区の内容》

①容積率の最高限度と最低限度の指定（土地の合理的・健全な高度利用）

②建ぺい率の最高限度の指定（建築物周辺のオープンスペース確保）

③建築面積の最低限度の指定（土地利用の細分化を防止）

④壁面の位置の制限の指定（道路に面して有効な空間を確保）

Ⅱ　都市再生特別地区

都市再生特別地区とは、民間資金やノウハウを活かした都市開発を誘導するため、既存の用途地域等に基づく用途規制や容積率等の規制を適用除外とした上で、自由度の高い計画を定めることができる制度です（平成14年創設）。

都市再生緊急整備地域内で、都市の再生に貢献し、土地の合理的かつ健全な高度利用を図る必要がある区域において定めることができます（都市再生特別措置法第36条）。

また、都道府県が都市計画の手続を経て決定しますが、提案制度により都市開発事業者による提案も可能となっています。

高度利用地区の内容①～④に加えて、⑤高さの最高限度、⑥誘導すべき用途について、従前の用途地域等に基づく規制にとらわれずに定めることができます（建築基準法第60条の2）。また、①用途地域等による用途制限、②用途地域による容積率制限、③斜線制限、④高度地区による高さ制限、⑤日影規制の適用が除外されます。

Ⅲ　特定用途誘導地区

　特定用途誘導地区とは、立地適正化計画に記載された都市機能誘導区域内において、今後、建築物の更新が見込まれる地区等の一定の区域については、誘導施設の立地の誘導を図るため、既存の用途地域による容積率・用途の制限を緩和することで、誘導施設を有する建築物の建築を誘導することを目的とする地域地区です（平成26年創設）。

　立地適正化計画に記載された都市機能誘導区域のうち、当該都市機能誘導区域に係る誘導施設を有する建築物の建築を誘導する必要があると認められる区域において定めることができます（都市再生特別措置法第109条）。

　特定用途誘導地区においては、都市機能誘導区域において誘導すべき用途に供する建築物に限って、容積率・用途の制限の緩和の措置を講じることとし、併せて、周辺の市街地環境を確保するため必要な場合に、建築物の高さの制限を行うことができることとされています（建築基準法第60条の3）。

Ⅳ　特定地区計画等区域

(1)　特定地区計画等区域

　特定地区計画等区域とは、地区計画、防災街区整備地区計画若しくは沿道地区計画の区域（地区整備計画等によって高度利用地区と同内容の制限が課されているものに限る。）を指します（法第2条の2第1項第4号）。

　市街地再開発事業の施行区域の要件の一つとされています。

(2)　地区計画制度

　地区計画制度は、既存の都市計画を前提として、ある一定のまとまりを持った「地区」を対象に、その地区の実情に合ったよりきめ細かい規制を行う制度です。

　地区計画は、「建築物の建築形態、公共施設その他の施設の配置等からみて、一体としてそれぞれの区域の特性にふさわしい態様を備えた良好な環境の各街区を整備し、開発し、及び保全するための計画」とされています（都

市計画法第12条の5）。これは、都市計画体系において、住民に最も身近な詳細計画として位置づけを与えられた計画であり、地区レベルでの市街地形成をコントロールするため、それぞれの地区の特性に応じて、小規模な公共施設（地区施設）に関する計画や建築物の用途や形態などの土地利用に関する計画を定めることとしたものです。

都市計画法上、「地区計画等」とは、地区計画、沿道地区計画、防災街区整備地区計画、集落地区計画を指します。

(3)　再開発等促進区

再開発等促進区とは、土地の合理的かつ健全な高度利用と都市機能の増進とを図るため、地区計画において一体的かつ総合的な市街地の再開発又は開発整備を実施すべき区域として定められるものであり（都市計画法第12条の5第3項）、地区内の公共施設の整備と併せて、建築物の用途、容積率等の制限を緩和することにより、良好なプロジェクトを誘導するものです。

再開発地区計画（昭和63年創設）及び住宅地高度利用地区計画（平成2年創設）を統合し、平成14年に創設されました。

再開発等促進区（地区整備計画が定められている区域に限る。）内において、敷地内に有効な空地が確保されていること等により特定行政庁が支障がないと認めて許可した建築物については、建築基準法上の容積率制限、建ぺい率制限及び斜線制限等の規定は適用しないことができます（建築基準法第68条の3）。

〈参考〉市街地再開発事業に関連する地区計画等の概要

	市街地再開発事業	地区計画	再開発等促進区	防災街区整備地区計画	沿道地区計画	〈参考〉高度利用地区
目的	建築物の建築形態、公共施設の配置等からみて、一体としてされた態様を備えた良好な環境の各街区を整備、保全	合理的かつ健全な高度利用と都市機能の増進とを図るため、一体的かつ総合的な市街地の再開発を実施		密集市街地で、特定防災機能の確保と土地の合理的かつ健全な利用を図るため、各地区を防災街区として一体的かつ総合的に整備	幹線道路の沿道について、道路交通騒音による障害の防止と適正かつ合理的な土地利用を図るため、各地区を防災街区として一体的かつ総合的に誘導、規制する	市街地における土地の合理的かつ健全な高度利用と都市機能の更新を図る
要件	①用途地域が定められている土地の区域 ②用途地域が定められていない土地の区域のうち次のいずれかに該当するもの ・住宅市街地の開発等の事業が行われる土地の区域 ・不良な街区の環境が形成され、又はおそれがある区域 ・優れた街区の環境が形成されている土地の区域	以下のすべてに該当する土地の区域 ・土地の利用状況が著しく変化しつつある区域等 ・土地の区域内で高度利用を図る上で必要な公共施設が行われていない区域 ・区域内の土地の高度利用を図ることが、当該都市の機能の増進に貢献すること ・用途地域が定められている土地の区域		以下のすべてに該当する密集市街地の土地の区域内の土地の区域 ・特定防災機能の確保に必要な公共施設がない区域 ・特定防災機能に支障を来している区域 ・用途地域が定められている区域	沿道整備道路に接する区域で、道路交通騒音により生ずる障害の防止と適正かつ合理的な土地利用を図る、一体的かつ総合的に市街地を整備することが適切である区域 ・用途地域が定められている区域	用途地域が定められている区域
計画事項	①地区計画の目標、当該区域の整備、開発及び保全に関する方針 ②地区整備計画 ・地区施設の配置及び規模 ・建築物等の用途の制限 ・容積率の最高限度又は最低限度 ・建蔽率の最高限度 ・建築物の敷地面積又は建築面積の最低限度 ・壁面の位置の制限 ・壁面後退区域の工作物設置制限 ・建築物等の高さの最高限度又は最低限度 など	①土地利用に関する基本方針 ②道路、公園等の施設（二号施設）など		①防災街区整備地区計画の目標、区域の整備に関する方針 ②地区防災施設 ③防災街区整備地区整備計画 ・地区施設の配置及び規模 ・建築物等の構造に関する防火上必要な制限 ・建築物等の用途の制限 ・容積率の最高限度又は最低限度 ・建築物の敷地面積又は建築面積の最低限度 ・壁面の位置の制限 ・工作物の設置の制限 ・建築物等の高さの最高限度又は最低限度	①沿道の整備に関する方針 ②沿道地区整備計画 ③沿道整備道路に面する部分の沿道の長さに対する割合の最低限度 ・建築物の構造に関する防音上必要な制限 ・建築物等の用途、遮音上必要な制限 ・容積率の最高限度、壁面の位置等に関する制限 ・緑地、道路の区域内の居住者等の利用に供される公共空地の配置及び規模	・容積率の最高限度及び最低限度 ・建蔽率の最高限度 ・建築物の建築面積の最低限度 ・壁面の位置の制限

第2章 市街地再開発事業に関連する都市計画　31

〈参考〉**都市計画法の体系**

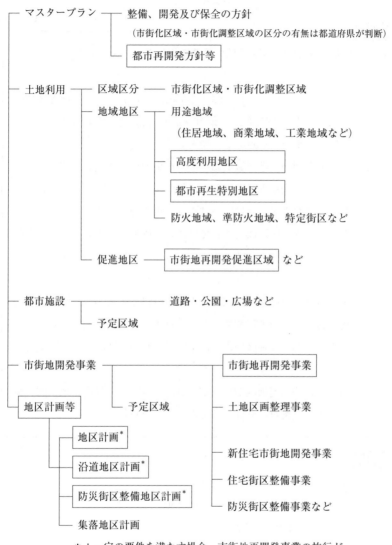

注）市街地再開発事業には、高度利用地区、都市再生特別地区、特定用途誘導地区又は特定地区計画等区域内で個人が施行者となって行う非都市計画事業もある。

32 　確認問題

確認問題　第2章

問　題

No. 3　市街地再開発促進区域に関する記述で、誤っているものは次の
　うちどれか。

　1．市街地再開発促進区域に関する都市計画においては、促進区域の
　　　種類、名称、位置及び区域等のほか、公共施設の配置及び規模並
　　　びに単位整備区を定めるものとする。

　2．市街地再開発促進区域において、市街地再開発促進区域に関する
　　　都市計画が告示された日から5年経過しても、開発行為の認可が
　　　なされておらず、又は第一種市街地再開発事業若しくは認定再開
　　　発事業に施行区域にもなっていない単位整備区がある場合、市町
　　　村は施行の障害となる事由がない限り第一種市街地再開発事業を
　　　施行しなければならない。

　3．市街地再開発促進区域内で、当該市町村と協議の上、都市再生機
　　　構が第一種市街地再開発事業を施行することは可能である。

　4．市街地再開発促進区域内では第二種市街地再開発事業は実施でき
　　　ない。

　5．市街地再開発促進区域に指定された場合、第一種市街地再開発事
　　　業により建築物の整備を行わなければならない。

解　説

　1．正：都市再開発法第7条第2項。

　2．正：都市再開発法第7条の2第2項。

　3．正：都市再開発法第7条の2第4項。

　4．正：都市再開発法第7条第1項第2号。

　5．誤：都市再開発法第7条の2第1項の規定は、「第一種市街地再開
　　　　発事業等」であり、第一種市街地再開発事業に限定されていない。

正解　**5**

第 2 章　市街地再開発事業に関連する都市計画　　33

問　題

No.4　都市計画法に規定する用語に関する記述で、誤っているものは次のうちどれか。

1．「都市再開発の方針」は、市街化調整区域内においては定めることができない。

2．「市街地開発事業」である市街地再開発事業、土地区画整理事業、住宅街区整備事業及び防災街区整備事業については、予定区域制度がない。

3．「高度地区」は、用途地域内において、市街地の環境を維持し、又は土地利用の増進を図るため、建築物の高さの最高限度又は最低限度を定める。

4．「高度利用地区」は、用途地域内の市街地における合理的かつ健全な高度利用と都市機能の更新とを図るため、建ぺい率の最高限度、及び建築物の敷地面積の最低限度などを定める。

5．「地区計画」は、市街化調整区域内において定めることができる。

解　説

1．正：都市計画法第13条第 1 項第 3 号。

2．正：都市計画法第12条第 1 項、第12条の 2 第 1 項。

3．正：都市計画法第 9 条第18項　高度地区は、高さを定める地区である。例えば、容積率の最高限度又は最低限度を定めるものではない。

4．誤：都市計画法第 9 条第19項　建築物の敷地面積の最低限度が誤り。

5．正：都市計画法第13条第 1 項第14号。

正解　4

第3章

市街地再開発事業の都市計画

1 市街地再開発事業の都市計画決定·········　36

2 市街地再開発事業の施行区域要件·········　38

1 市街地再開発事業の都市計画決定

(1) 市街地再開発事業の都市計画の概要

　市街地再開発事業は、都市機能の更新や防災面の整備において重要な役割をもつ公共性の高い事業です。このため、一定の区域について市街地再開発事業の都市計画決定を行い、計画水準の確保のため、一定の規制や補助等によって円滑な事業の推進を図るものです。

　都市計画に定める内容は以下の通りとされ、道路・公園・下水道等の既決都市計画に適合する必要があることとされています（法第4条第2項）。

《都市計画に定める内容》

①事業の種類

②事業の名称

③施行区域

④施行区域の面積

⑤公共施設の配置・規模

⑥建築物及び建築敷地の整備計画

⑦（住宅不足の著しい地域の場合）事業により確保されるべき
　　住宅の戸数その他住宅建築の目標

---

(2) 都市計画の決定と手続

　このため、市町村等（施行区域の面積3ha以上のものは都道府県か指定都市）が、高度利用地区等の市街地再開発事業の施行区域要件に関する都市計画と事業の種類・施行区域等といった市街地再開発事業に関する都市計画を決定し、市街地再開発事業を都市計画事業として施行（一部の個人施行を除く。）することとされています。

第 3 章 市街地再開発事業の都市計画　37

《都市計画の決定権者》

	都市計画として定める事項	都市計画決定の主体 （都市計画法第15条等）
市街地再開発事業の施行区域要件	高度利用地区（都市計画法第 8 条）	市町村
	都市再生特別地区（都市計画法第 8 条）	都道府県
	特定用途誘導地区（都市計画法第 8 条）	市町村
	特定地区計画等区域内（都市計画法第 8 条）	市町村
市街地再開発事業の都市計画決定の内容	市街地開発事業の種類、名称、施行区域 （都市計画法第12条第 2 項）	市町村 （特別区の存する区域は区） （3 ha以上は、都道府県か指定都市）
	施行区域の面積（都市計画法施行令第 7 条）	
	公共施設の配置・規模（都市再開発法第 4 条）	
	建築物及び建築敷地の整備計画（都市再開発法第 4 条）	
	（住宅不足の著しい地域の場合） 　市街地再開発事業により確保されるべき 　住宅の戸数その他住宅建築の目標 　　（都市再開発法第 5 条）	

《市町村の都市計画決定手続の流れ》

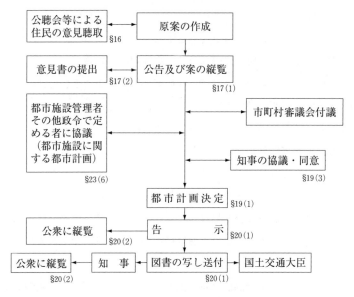

2 市街地再開発事業の施行区域要件

　市街地再開発事業の施行区域を都市計画に定めるに当たっては、その施行区域が下記に掲げる要件（通常「**施行区域要件**」といいます。）に適合していることが必要です。

⑴　**第一種市街地再開発事業の施行区域要件（法第3条）**
　市街地再開発促進区域内の土地の区域又は以下の条件に該当する土地の区域

①　**高度利用地区、都市再生特別地区、特定用途誘導地区**又は**特定地区計画**等区域内であること。

②　当該地区内にある耐火建築物で以下に掲げる要件に該当しないものの建築面積の合計が当該区域内にある全ての建築物の建築面積のおおむね3分の1以下であるか、又はこれらの建築物の敷地面積の合計が当該区域内にある全宅地面積の合計のおおむね3分の1以下であること。（通常「**耐火要件**」と呼んでいます。）

　㈠　地階を除く階数が2以下であるもの

　㈡　政令で定める耐用年限の3分の2を経過しているもの

　㈢　災害その他の理由により㈡と同程度の機能低下を生じているもの

　㈣　建築面積が高度利用地区等に関する都市計画において定められた建築面積の最低限度の4分の3未満であるもの

　㈤　容積率が高度利用地区等に関する都市計画において定められた容積率の最高限度の3分の1未満であるもの

　㈥　都市計画施設である公共施設の整備に伴い除却すべきもの

③　当該地区内に十分な公共施設がないこと、当該区域内の土地の利用が細分化されていること等により当該区域内の土地の利用状況が著しく不健全であること。

④　当該区域内の土地の高度利用を図ることが、当該都市の機能の更新に貢献すること。

(2) 第二種市街地再開発事業の施行区域要件（法第 3 条の 2 ）

① (1)の①から④までの要件（第一種市街地再開発事業の施行区域要件）の
すべてを満たすこと。

② 次のいずれかに該当する土地の区域でその面積が0.5ha 以上であること。

  (イ) 次のいずれかに該当し、かつ区域内の建築物が密集しているため、災
  害のおそれが著しく、又は環境が不良であること。

    (i) 当該区域内にある安全上又は防災上支障がある建築物（建築基準法
    の集団規定に適合しない建築物）の数が当該区域内にあるすべての建
    築物の数に対して10分の 7 以上であること。

    (ii) (i)に掲げる建築物の延べ面積の合計が区域内にあるすべての建築物
    の延べ面積の合計に対して10分の 7 以上であること。

  (ロ) 当該区域内に駅前広場、大規模な災害等が発生した場合における公衆
  の避難の用に供する公園又は広場その他の重要な公共施設を早急に整備
  する必要があり、併せて当該区域内の建築物及び建築敷地の整備を一体
  的に行うことが合理的であること。

③ なお、**被災市街地復興推進地域**内の土地の区域については、上記②(イ)又
は(ロ)の要件に該当していなくても、当該要件に該当している区域とみなさ
れます（被災市街地復興特別措置法第19条）。

④ また、平成19年改正により、**防災再開発促進地区**の区域内の土地の区域
については、上記②(イ)又は(ロ)のいずれかに該当するものであって、施行区
域の面積が0.2ha 以上0.5ha 未満のものについても、上記②の要件に該当
している区域とみなされます（密集市街地における防災街区の整備の促進
に関する法律第30条の 4 ）。

《市街地再開発事業の施行区域要件》

第一種市街地再開発事業	第二種市街地再開発事業
①高度利用地区、都市再生特別地区、特定用途誘導地区又は一定の地区計画、防災街区整備地区計画若しくは沿道地区計画の区域内であること。 ②耐火建築物の割合が建築面積又は敷地面積で全体のおおむね1/3以下であること。 ③土地利用の状況が著しく不健全であること。 ④土地の高度利用を図ることが都市機能の更新に資すること。	①～④　同左 ⑤次のいずれかに該当する土地の区域で、面積が0.5ha（防災再開発促進地区においては0.2ha）以上であること。 (イ)安全上又は防災上支障のある建築物の数又は延べ面積が、当該区域内の全ての建築物の数又は延べ面積の7/10以上であり、これらの建築物が密集しているため、災害の発生のおそれが著しく、又は環境が不良であること。 (ロ)重要な公共施設を早急に整備する必要があり、その整備と併せて建築物等の整備を一体的に行うことが合理的であること。 (ハ)被災市街地復興推進地域にあること。
市街地再開発促進区域内の土地の区域	同左の区域においては不可

（コラム）個人施行と都市計画について

　市街地再開発事業の施行者に関する規定において、個人施行者については「高度利用地区、都市再生特別地区、特定用途誘導地区又は特定地区計画等区域内の宅地について所有権又は借地権を有する者又はその同意を得た者」とされていることから、個人施行の市街地再開発事業の施行地区は上記の区域内でよいこととされています（法第2条の2第1項）。

　一方、個人施行者以外の施行者については、いずれも「市街地再開発事業の施行区域内の土地について市街地再開発事業を施行することができる」と規定されており（同条第2項～第6項）、この「施行区域」とは法第3条及び法第3条の2に規定する「都市計画に定めるべき」施行区域を指しています。また、法第6条第1項では、「市街地再開発事業の施行区域内においては、市街地再開発事業は、都市計画事業として施行する」こととされています。

　したがって、個人が施行する市街地再開発事業に限って、必ずしも**都市計画事業**でなくても（**非都市計画事業**でも）、高度利用地区等の区域内であればよいということになります。

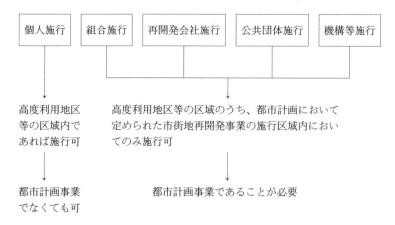

《市街地再開発事業の施行者の類型と都市計画決定等》

42　確認問題

確認問題　第3章

問題

No.5　第一種市街地再開発事業として都市計画に定められる施行区域の条件に該当しないものは、次のうちどれか。

1．特定地区計画等区域内にあること。

2．十分な公共施設がないことにより、土地の利用状況が著しく不健全であること。

3．面積が0.5ヘクタール以上であること。

4．耐火建築物で法令で定めるものの敷地面積の合計が、当該区域内のすべての宅地面積の合計のおおむね3分の1以下であること。

5．土地の高度利用を図ることが、当該都市の機能の更新に貢献すること。

解説

1．正：都市再開発法第3条第1号。

2．正：都市再開発法第3条第3号。

3．誤：第一種市街地再開発事業には、面積要件はない。

4．正：都市再開発法第3条第2号。

5．正：都市再開発法第3条第4号。

正解　3

第3章　市街地再開発事業の都市計画　43

問　題

No. 6　市街地開発事業の都市計画に関する記述で、誤っているものは
次のうちどれか。

1. 市街地開発事業の都市計画は、市街化区域内の一体的に開発し又
は整備する必要がある土地の区域でなければ定めることができな
い。

2. 高度利用地区の区域内であれば、第一種市街地再開発事業の施行
区域を都市計画で定めなくても第一種市街地再開発事業を行うこ
とができる。

3. 第二種市街地再開発事業について都市計画に定めるべき施行区域
の面積要件は、原則として土地の区域面積が0.5ヘクタール以上
なければならない。

4. 第一種市街地再開発事業又は第二種市街地再開発事業に関する都
市計画においては、市街地開発事業の種類、名称及び施行区域、
施行区域の面積、公共施設の配置及び規模、並びに建築物及び建
築敷地の整備に関する計画を定めなければならない。

5. 住宅不足の著しい地域において、都市計画に当該市街地再開発事
業により確保されるべき住宅の戸数その他住宅建設の目標を定め
なければならないのは、第一種市街地再開発事業に限られない。

解　説

1. 誤：都市計画法第13条第1項第12号より、市街化区域又は区域区分
が定められていない都市計画区域内で定める。

2. 正：都市再開発法第2条の2第1項。

3. 正：都市再開発法第3条の2。

4. 正：都市再開発法第4条及び都市計画法第12条第2項。

5. 正：都市再開発法第5条の規定により、第二種市街地再開発事業も
含まれる。

正解　1

第4章

市街地再開発事業 の概要

1 市街地再開発事業の施行者と手続……… 46

2 市街地再開発事業の認可等……………… 57

3 市街地再開発組合の運営等……………… 63

4 事業着手のための調査等………………… 69

① 市街地再開発事業の施行者と手続

Ⅰ 施行者の類型

　市街地再開発事業における施行者とは「市街地再開発事業を施行する者をいう」と定義されており（法第2条第2号）、第一種市街地再開発事業と第二種市街地再開発事業の区分に応じて以下のように定められています。

第一種市街地再開発事業	第二種市街地再開発事業
・ 一人又は数人共同の地権者、地権者の同意を得た者（個人施行者） ・ 市街地再開発組合	
・ 再開発会社 ・ 地方公共団体 ・ 独立行政法人都市再生機構 ・ 地方住宅供給公社	・ 再開発会社 ・ 地方公共団体 ・ 独立行政法人都市再生機構 ・ 地方住宅供給公社

Ⅱ 個人施行者

　高度利用地区又は特定地区計画等区域内の宅地について所有権又は借地権を有する者又はこれらの者の同意を得た者（通常「同意施行者」といいます。）は、規約（一人で施行しようとする場合には規準）及び事業計画を定め、事業計画について施行地区となるべき区域内の宅地又は建築物について権利を有する者の同意及び公共施設管理者等の同意を得た上で、都道府県知事の認可を受けることが必要です（法第7条の9、第7条の12、第7条の13）。

　ただし、ここにいう「宅地又は建築物について権利を有する者」のうち、土地の所有者、借地権者、建物の所有者及び借家権者以外の者について、同意が得られない場合又はその者を確知することができない場合は、その理由を記載した書面を添えて認可を申請することが可能です（法第7条の13）。

　都道府県知事は、認可するに当たっては、あらかじめ事業計画において施行地区とされる区域を管轄する市町村長の意見を聴くこととされており、基

準を満たしていれば認可することとされています（法第7条の14）。

　都道府県知事は、認可を行った場合には、遅滞なく施行者の氏名又は名称、事業施行期間、施行地区等の必要事項を**公告**する（**認可公告**）とともに、関係する市町村長に対して（都市計画事業として行うものについては国土交通大臣に対しても）施行地区及び設計の概要を表示する図書を送付することとされています。

　都道府県知事の認可を受けた個人施行者は、その後、相続合併等の一般承継や、その所有する宅地の所有権又は借地権の売買等による特定承継が発生した場合においても、承継人は自動的に施行者としての地位を取得します（法第7条の17）。

Ⅲ　市街地再開発組合

(1)　市街地再開発組合の概要

　市街地再開発組合の設立に当たっては、第一種市街地再開発事業の施行区域内の宅地について所有権又は借地権を有する者が5人以上共同して**定款及び事業計画**又は**事業基本方針**を定めた上で都道府県知事の認可を受けることが必要です。

　なお、従来は、定款と事業計画の両方について同時に認可を受けることとなっていましたが、組合設立までのいわゆる準備組合は民法上の任意団体であり、事業計画作成に要する資金の調達が困難となっているなど事業準備活動に支障を来すケースもあることから、準備段階での事業推進に資するため、平成11年の都市再開発法改正において、事業計画認可前に定款と事業基本方針の認可をもって市街地再開発組合を設立できる方法（**前倒し組合の設立**）も可能となりました（法第11条）。

(2)　組合の設立認可に係る手続（法第11条第1項）

　認可の申請に当たっては、公共施設管理者の同意を得ることが必要なほか、定款及び事業計画の双方について、施行地区となるべき区域内の宅地について所有権を有するすべての者及び宅地について借地権を有するすべての者の

人数のそれぞれ3分の2以上の同意（かつ、同意した者の所有する区域内の宅地の地積と同意した者の区域内の借地の地積の合計が区域内の宅地の総地積と借地の総地積の合計の3分の2以上であることが必要）を得ることが必要です（法第14条）。

　地権者の3分の2以上の同意の手続を行うに当たっては、あらかじめ**借地権申告の手続**を行うことが必要です。市街地再開発組合の設立認可申請に当たってその同意を得ようとする者は、**施行地区となるべき区域の公告**を市町村長に申請し、これを受けて市町村長が当該申請に係る公告を行うことによって、当該区域内に未登記の借地権を有する者は公告の日から起算して30日以内に借地権の種類及び内容を申告しなければならないものとされています（法第15条）。

　都道府県知事は、認可に当たっては、個人施行者の場合と同様に、あらかじめ事業計画において施行地区とされる区域を管轄する市町村長の意見を聴くことが必要です。また、当該市町村長に事業計画を2週間**公衆の縦覧**に供させた上で、関係権利者から提出された**意見書**を踏まえ、必要と認められる場合は事業計画に必要な修正を加えるべきことを命ずることとされ、認可を申請した者は事業計画に修正を加え、再度同じ縦覧手続（**再縦覧**）を踏むこととされています。その上で、認可の基準を満たしている場合は認可することとなります。

　以上の手続を経て、都道府県知事が認可を行うことにより、市街地再開発組合が設立されると、個人施行者の場合と同様に都道府県知事は遅滞なく組合の名称、事業施行期間、施行地区等の必要事項を**公告**するとともに、国土交通大臣及び関係市町村長に対して施行地区及び設計の概要を表示する図書を送付することとされています（法第19条）。

　市街地再開発組合は、施行地区内の宅地について所有権又は借地権を有する者のすべてが組合員となります。したがって、都市再開発法第15条の規定による申告をしなかった未登記借地権者も組合が設立されれば組合員となります（法第20条）。

　また、組合員の有する所有権又は借地権の全部又は一部を承継した者は、従前の組合員が組合に対して有する権利義務のすべてを承継することとなり

ます（法第22条）。

(3) 前倒し組合の設立認可に係る手続（法第11条第2項、第3項）

(イ) 組合設立まで

　定款及び事業基本方針によって市街地再開発組合の設立認可を申請するに当たっては、(2)の認可手続と同様に、施行地区となるべき区域内の宅地について所有権を有するすべての者及び宅地について借地権を有するすべての者の人数のそれぞれ3分の2以上の同意（かつ、同意した者の所有する区域内の宅地の地積と同意した者の区域内の借地の地積の合計が区域内の宅地の総地積と借地の総地積の合計の3分の2以上であることが必要）を得ることが必要で、それに先立ち、借地権申告の手続を行うことが必要です（法第14条、第15条）。

　都道府県知事の認可に当たっては、事業基本方針において施行地区とされる区域を管轄する市町村長の意見を聴くことが必要な点も同様ですが、事業基本方針で定める**事業の施行の方針**は、事業の目的、施行予定期間、事業計画認可までの資金計画を定めた簡易なものであること等から、関係権利者への縦覧手続を踏む必要はなく、認可の基準を満たしている場合には認可されることとなります。

　都道府県知事が認可を行い市街地再開発組合が設立されると、(2)と同様に公告、関係図書の送付等が行われることとなります。ただし、公告事項は組合の名称、施行地区等の必要事項であり、関係市町村長への図書の送付は施行地区を表示する図書のみとされています。これは、当該公告は都市計画事業の認可の公告とはみなされないことからそもそも図書の送付は必要ないと考えられる一方で、市街地再開発事業の場合は施行地区を管轄する市町村長は場合によっては事業代行者となる可能性もあるなど、市街地再開発事業との関わりが深いため、非都市計画事業の個人施行の認可の公告の場合においても市町村長への図書の送付を要することとしており、手続面においてもこれに倣っていることによります。なお、施行地区を表示する図書の縦覧は、事業計画認可の公告後関係図書が縦覧されるまでの期間に限られます（法第19条）。

㈑ 事業計画認可まで

　公共施設管理者の同意を得た上で事業計画の案が作成されると、その内容を十分に理解できるよう組合員への説明会の開催等の必要な措置を講じ、組合員にその内容を十分に理解する機会を与えた上で、意見書の提出、意見書に係る意見を勘案した事業計画の案の修正といった手続を経ることとされています。その後に、組合の総会において事業計画を決定し、都道府県知事に認可を申請します。このように、認可や公告手続は(2)と殆ど同様ですが、組合員が事業計画の案の内容を理解し検討する機会を与えるなど決定前の手続を義務づけることにより、過半数で議決できることとし、組合員の意向が事業計画に反映されやすいものとなっています。

　上記(2)、(3)の手続を図示すると次ページのようになります。

⑷　市街地再開発組合の解散

　従来、市街地再開発組合は一旦設立が認可されると、都道府県知事が設立認可の取消しを行わない限りは事業が完了するまで解散を行うことはできませんでした。

　しかし、先述のように組合の設立の前倒しが可能となり組合の存続期間が長期化すると考えられることや、施行地区内の建築物が除却等されていない時点においては、組合が解散しても従前資産の保全には支障がないと考えられること、土地区画整理組合においても解散が認められていること等から、平成11年度改正において、総会の議決による解散も認められることとなりました（法第45条）。

　ただし、組合の解散は、組合員の従前資産の評価や生活再建の目途等に多大な影響を与えることから、土地区画整理組合の場合と同様に総会の特別議決事項とされており（法第33条）、さらに、組合員の従前資産保全の観点から、土地区画整理組合とは異なり、その解散は権利変換期日前に限られています（法第45条）。

　なお、当然のことながら、総会の議決による解散も都道府県知事の認可が必要です（法第45条）。

第 4 章　市街地再開発事業の概要　51

《組合及び前倒し組合の認可のフロー》

通常の組合の場合

施行地区内の地権者の発意（発起人）

←（都市計画決定）

…準備組合活動…

（←参加組合員の指定）

定款・事業計画を策定

```
事業計画の内容
・施行地区
・設計の概要
　（説明書、設計図）
・事業施行期間
・資金計画
```

←公共施設管理者の同意

市町村長への施行地区となるべき区域の申請、公告

未登記借地権者の申告

施行地区内の地権者の2/3以上の同意

都道府県知事への認可の申請

事業計画の縦覧
```
・市町村長の縦覧（2週間）
・都道府県知事の意見書処理、
　事業計画修正命令
・認可申請者の事業計画修正、
　都道府県知事への申告
```
再縦覧

組合設立・事業計画認可（法人格取得）
（都市計画事業の認可）
→公告、関係機関への図書送付
市町村長の長期縦覧

前倒し組合の場合

施行地区内の地権者の発意（発起人）

←（都市計画決定）
（←参加組合員の指定）

定款・事業基本方針を策定

```
事業基本方針の内容
・施行地区
・事業の施行の方針
```

市町村長への施行地区となるべき区域の申請、公告

未登記借地権者の申告

施行地区内の地権者の2/3以上の同意

都道府県知事への認可の申請

組 合 設 立 認 可　（法人格取得）
→公告、市町村長への図書送付
市町村長の縦覧

事業計画を策定

```
事業計画の内容
・施行地区
・設計の概要
　（説明書、設計図）
・事業施行期間
・資金計画
```

公共施設管理者の同意

・説明会の開催等

・意見書の提出
　（事業計画案の修正）

組合の総会の普通議決（1/2以上）

事業計画の縦覧
```
・市町村長の縦覧（2週間）
・都道府県知事の意見書処理、
　事業計画修正命令
・認可申請者の事業計画修正、
　都道府県知事への申告
```
再縦覧

事 業 計 画 認 可
（都市計画事業の認可）
→公告、関係機関への図書送付
市町村長の長期縦覧

Ⅳ　再開発会社

⑴　再開発会社の概要

　再開発会社とは、平成14年度改正により施行者として追加されたものであり、以下に掲げる要件の全てに該当する株式会社で、都道府県知事に市街地再開発事業の施行認可を受けたものをいいます（法第2条の2）。

　再開発会社では、個人施行者のように事業の各段階において地権者全員の同意をとることはなく、また、市街地再開発組合のように地権者全員が参加して最終的な事業リスクを負担することもなく、地権者は出資の範囲内でリスクを負担することになります。このため、事業を積極的に推進しようとする者を中心として、地権者の積極的な参加と地権者の利益とを確保しつつ効率的かつ迅速に市街地再開発事業を施行することが可能です。

　再開発会社は、市街地再開発事業を施行しようとするときは、**規準**及び**事業計画**を定め、都道府県知事の認可を受けることが必要です（法第50条の2）。

　《再開発会社の要件》

①市街地再開発事業の施行を主たる目的とするものであること。

②公開会社（会社法第2条第5号に規定する公開会社）でないこと。

③施行地区となるべき区域内の宅地について所有権又は借地権を有する者が、総株主の議決権の過半数を保有していること。

④前号の議決権の過半数を保有している者及び当該株式会社が所有する施行地区となるべき区域内の宅地の地積とそれらの者が有するその区域内の借地の地積との合計が、その区域内の宅地の総地積と借地の総地積との合計の三分の二以上であること。

　このような要件が設けられたのは、民間主体である再開発会社が強制的に土地・建物に関する権利を再開発ビルの床の権利に移行できるものであることから、実質的に地権者が支配し、地権者のための会社であることを確保する必要があることなどによるものです。

　なお、④については、所有権又は借地権が数人の共有に属する宅地又は借

地について前段に規定する者が共有持分を有しているときは、当該宅地又は借地の地積に当該者が有する所有権又は借地権の共有持分の割合を乗じて得た面積を、当該宅地又は借地について当該者が有する宅地又は借地の地積とみなします。

(2) 会社の施行認可に係る手続（法第50条の2）

　認可の申請に当たっては、公共施設管理者の同意を得ることが必要なほか、規準及び事業計画の双方について、施行地区となるべき区域内の宅地について所有権を有するすべての者及び宅地について借地権を有するすべての者の人数のそれぞれ3分の2以上の同意（かつ、同意した者の有する所有地と借地との面積の合計の3分の2以上であることが必要）を得ることが必要です（法第50条の4、第50条の6）。

　地権者の同意の手続を行うに当たっては、あらかじめ借地権申告の手続を行うことが必要です。市街地再開発事業施行の認可申請に当たってその同意を得ようとする者は、**施行地区となるべき区域の公告**を市町村長に申請し、これを受けて市町村長が当該申請に係る公告を行います。当該区域内に未登記の借地権を有する者は、公告の日から起算して30日以内に借地権の種類及び内容を申告しなければならないものとされています（法第50条の5）。

　都道府県知事は、認可に当たっては、個人施行者及び組合の場合と同様に、あらかじめ事業計画において施行地区とされる区域を管轄する市町村長の意見を聴くことが必要です。また、当該市町村長に事業計画を2週間公衆の縦覧に供させた上で、関係権利者から提出された意見書を踏まえ、必要と認められる場合は事業計画に必要な修正を加えるべきことを命ずることとされ、認可を申請した者は事業計画に修正を加え、再度同じ縦覧手続を踏むこととされています。その上で、認可の基準を満たしている場合は認可することとなります（法第50条の7）。

　以上の手続を経て、都道府県知事が認可をしたときは、個人施行者及び組合の場合と同様に、都道府県知事は遅滞なく再開発会社の名称、市街地再開発事業の種類及び名称、事業施行期間、施行地区等の必要事項を**公告**するとともに、国土交通大臣及び関係市町村長に対して施行地区及び設計の概要を

54 **1** 市街地再開発事業の施行者と手続

表示する図書を送付することとされています（法第50条の8）。

　また、再開発会社は市街地再開発事業の施行権能については、都道府県知事の認可があってはじめて認められることから、再開発会社が合併若しくは分割又は事業の譲渡及び譲受を行う場合も、同様に、都道府県知事の認可を受けなければその効力を生じません（法第50条の12）。

⑶　市街地再開発事業の終了

　再開発会社は、市街地再開発事業を終了しようとするときは、その終了について都道府県知事の認可を受ける必要があります（法第50条の15）。

V　地方公共団体

　地方公共団体が市街地再開発事業を施行しようとする場合は、地方公共団体が**施行規程**及び**事業計画**を定めた上で、事業計画のうち**設計の概要**について第三者（市町村が施行する場合には都道府県知事、都道府県が施行する場合には国土交通大臣）の認可を受けることが必要となります（法第51条）。

　このうち、施行規程については、地方公共団体が事業を施行する際の基本的事項を定めるものであり、施行地区等の関係権利者の権利に重大な影響を及ぼす事項を定めるものであることから、民意を代表する地方公共団体の議会において条例の形式により定めることとされています（法第52条）。

　一方、事業計画については、あらかじめ公共施設の管理者等との協議を行いますが、個人施行者、市街地再開発組合及び再開発会社の場合とは異なり、当該地方公共団体自らが事業計画を2週間公衆の縦覧に供し、意見書の処理を行い、事業計画案を修正する場合には再縦覧を行うことが必要です（法第53条）。

　地方公共団体は、事業計画を定めたときには、遅滞なく必要事項を**公告**することが必要であり、事業計画のうち設計の概要の認可をした者は、図書の写しを関係地方公共団体に送付することが必要です（法第54条、第55条）。

Ⅵ　独立行政法人都市再生機構等

　独立行政法人都市再生機構及び地方住宅供給公社（以下「機構等」）が市街地再開発事業を施行しようとする場合には、施行規程及び事業計画の双方について、国土交通大臣（市のみが設立した地方住宅供給公社にあっては都道府県知事）の認可を受けることが必要です。

　機構等施行の場合においても、地方公共団体施行の場合と同様に事業計画についてはあらかじめ公共施設の管理者等と協議を行うことが必要です。また、国土交通大臣は、認可申請があったときは、施行地区となるべき区域を管轄する市町村長に施行規程及び事業計画を2週間公衆の縦覧に供させた上で意見書の処理等を行い、認可を行った場合には**公告**等の手続を行うことになります（法第58条）。

1 市街地再開発事業の施行者と手続

《地方公共団体、機構等の認可フロー》

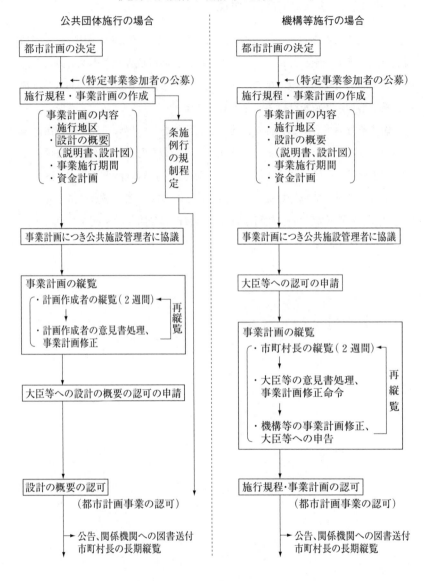

2 市街地再開発事業の認可等

Ⅰ 事業計画

　事業計画とは、市街地再開発事業の計画を表すものであり、定めるべき内容は法定されています（法第7条の11）。

《事業計画の内容》

①施行地区　　②設計の概要　　③事業施行期間　　④資金計画

　事業計画については、地区内に公共施設がある場合は、あらかじめ公共施設の管理者の同意（公共団体、機構等施行の場合は協議）を得る必要があり、その他関係する法令にも適合していなければなりません。

　資金計画は、収支予算を明らかにして、施行者が事業を遂行するために必要な経済的基盤及びその他の能力が十分であるかどうか、つまり、事業の規模が適正であるかどうかの判定資料となるもので、事業計画の重要な内容となっています。

　平成28年の法改正により、第一種市街地再開発事業の事業計画において、一定の既存建築物を存置又は移転することができる区域（個別利用区）を定めることができることとされました。これにより、有用な既存建築物を活用しながら市街地の再開発を図ることが期待されます。

Ⅱ 市街地再開発事業の認可

(1) 認可と認可権者

　個人、組合、再開発会社が施行する場合は、個人施行、組合の設立、会社施行について、それぞれ都道府県知事（政令指定都市の区域内においては政令指定都市の長）が認可を行います。地方公共団体が施行する場合は、設計の概要について、都道府県は国土交通大臣、市町村は都道府県知事が認可を

58 **2** 市街地再開発事業の認可等

行います。また、機構等が施行する場合は、施行規程及び事業計画について、原則として国土交通大臣が認可を行います。

(2) 認可の基準

認可の基準については、個人、組合、再開発会社の施行する市街地再開発事業については、都市再開発法に規定がなされており、定款等及び事業計画等について適正であること等一定の基準に対する適合性の審査がなされます。一方、地方公共団体及び機構等の施行する市街地再開発事業については、これら主体は、資力・信用等の要件について当然満たすものと考えられるので、特段規定がされていません。

組合に係る認可の基準は、以下の①〜④であり、都道府県知事は、認可申請があった場合に、次のいずれにも該当しないと認めるときは、その認可をしなければならないとされています（法第17条）。

《組合施行の認可基準》

以下①〜④に該当しないこと

①申請手続が法令に違反していること。

②定款、事業計画、事業基本方針の決定手続又は内容が法令に違反していること。

③事業計画、事業基本方針の内容が市街地再開発事業に関する都市計画に適合せず、又は事業施行期間が適切でないこと。

④第一種市街地再開発事業を遂行するために必要な経済的基礎及びこれを的確に遂行するために必要なその他の能力が十分でないこと。

また、個人施行、再開発会社についても、組合と同様に、上記①〜④に相当する基準のほか、以下の基準が定められています（法第7条の14、第50条の7）。

（個人施行）

○施行地区が、第一種市街地再開発事業の施行区域の内外にわたっており、又は第3条第2号〜第4号までに掲げる条件に該当しないこと。

（会社施行）

○申請者が第2条の2第3項各号に掲げる要件のすべてに該当する株式会社でないこと。

(3) 都市計画事業認可との関係

都市計画法に規定する市街地開発事業のうち、新住宅市街地開発事業、工業団地造成事業、新都市基盤整備事業については都市計画法第59条の規定に基づいて認可を受けて都市計画事業として施行することになりますが、市街地再開発事業、住宅街区整備事業、土地区画整理事業、防災街区整備事業については、それぞれ各事業法による認可が同条の認可とみなされています。

すなわち、市街地再開発事業は、個人施行の場合を除き、都市計画決定した市街地再開発事業の施行区域内において、かつ都市計画事業として施行しなくてはならないこととされていることから（**第3章参照**）、都市再開発法の規定による認可をもって都市計画事業の認可とみなしています。

種類	施行者	都市再開発法上の認可	みなし規定
第一種	個　　人	個人施行の知事認可（再§7の9Ⅰ）	再§7の9Ⅳ＝都§59Ⅳ
	組　　合	組合の設立の知事認可（再§11Ⅰ）前倒組合の事業計画の認可（再§11Ⅲ）	再§11Ⅴ　＝都§59Ⅳ
第一種及び第二種	再開発会社	再開発会社施行の知事認可（再§50の2Ⅰ）	再§50の2Ⅲ＝都§59Ⅳ
	市　町　村	設計の概要の知事認可（再§51Ⅰ）	再§51Ⅱ　＝都§59Ⅰ
	都道府県	設計の概要の国土交通大臣認可（再§51Ⅰ）	再§51Ⅱ　＝都§59Ⅱ
	都市再生機構	施行規程及び事業計画の国土交通大臣認可（再§58Ⅰ）	再§58Ⅱ　＝都§59Ⅲ

（注）再は都市再開発法、都は都市計画法

(4) 都市計画事業手続との関係

第一種市街地再開発事業については、都市再開発法が独自の認可手続に関する規定を置き、独自の都市計画事業制限（法第66条）を置くほか、都市計画事業一般に与えられる土地収用手続に代えて、独自の権利変換手続を定めているので、都市計画法第4章（第59条から第75条まで）のうち同法第60条から第74条までの規定は第一種市街地再開発事業には適用されていません

（法第6条第2項）。

　これに対して、第二種市街地再開発事業は用地買収方式であるので、都市計画法第60条から第64条までの認可手続に関するものについては適用を除外し、その他の都市計画事業制限、土地収用手続については適用されることになります（法第6条第2項）。

《都市計画法と都市再開発法の手続》

種類		都市計画法	都市再開発法
第一種市街地再開発事業	第二種市街地再開発事業	60条　都市計画事業認可申請に関する規定	7条の11　個人施行の事業計画 12条　組合施行の事業計画 50条の6　再開発会社施行の事業計画 51条、52条　公共団体施行の施行規程及び事業計画 58条　機構施行の施行規程及び事業計画
		61条　認可の基準	7条の14　個人施行の認可の基準 17条　組合施行の認可の基準 50条の7　再開発会社施行の認可の基準
		62条　認可の告示及び関係図書の長期縦覧	7条の15　個人施行の認可の公告等 19条　組合施行の認可の公告及び関係図書の長期縦覧 50条の8　再開発会社施行の公告及び関係図書の長期縦覧 54条、55条　公共団体施行の事業計画の公告及び関係図書の長期縦覧
		63条　事業計画の変更	7条の16　個人施行の基準又は規約及び事業計画の変更 38条　組合施行の定款及び事業計画の変更 50条の9　再開発会社施行の事業計画の変更 56条　公共団体施行の事業計画の変更 58条　機構施行の事業計画の変更
		64条　認可に基づく地位の承継	7条の17　個人施行者の変動 50条の12　再開発会社施行の承継
		65条　都市計画事業制限	66条1項から7項　建築行為の制限
		66条　事業の施行についての周知措置	67条　周知措置
		67条　土地建物等の先買い	権利変換方式のため先買権行使の必要なし
		68条　土地の買取請求	土地収用法の適用はないが、71条の権利変換を希望しない旨の申出は実質的な土地建物の買取請求とみなされる。
		69条〜73条　都市計画事業のための土地等の収用又は使用	72条〜111条　権利変換手続
		74条　生活再建のための措置	権利変換手続そのものの中に含まれる

注）都市再開発法第6条第4項の規定に基づき、第二種市街地再開発事業については都市計画法第65条から第73条までの規定を適用する場合の技術的読替えは都市再開発法施行令第1条の6による。

（コラム）認可の基準（法第17条）等について

　従来、市街地再開発組合の設立・事業計画認可は、土地区画整理事業の場合と異なり都道府県知事は法第17条各号のいずれにも該当しないと認めるときに限り、その「認可をすることができる」という規定になっており都道府県知事に認可の裁量性を認めていました。このため、都道府県知事が認可するに当たり、法第14条の同意要件を大幅に上回る同意率を認可の条件としている例も見受けられたことから、平成11年改正では、市街地再開発組合の設立、事業計画の認可を土地区画整理法等の認可スキーム同様に「認可しなければならない」という規定に改めるとともに、関係権利者の権利保護に万全を期すため、法第16条の事業計画の縦覧についても土地区画整理法と同様に都道府県知事が事業計画修正の命令を行った後の再縦覧の規定を整備し、認可手続の透明性を高めることとしています。

③ 市街地再開発組合の運営等

　市街地再開発事業の施行者のうち、市街地再開発組合については、その構成及び運営について詳細な規定が設けられていますので、ご紹介します。

(1) 定款

　定款は法人の目的、内部組織、活動等に関する根本規則を定めたものであり、組合運営の憲法のようなものです。

　そのため、定款の策定に当たっては、組合員となるべき者の3分の2以上の同意を必要とし、かつ、都道府県知事（政令指定都市の区域内においては政令指定都市の長）の認可を要します。また、変更する場合は、総会の特別の議決を要し、かつ、都道府県知事（政令指定都市の区域内においては政令指定都市の長）の認可を要します。

　定款に定める事項としては、組合の名称、施行地区に含まれる地域の名称、第一種市街地再開発事業の範囲、事務所の所在地、費用分担に関する事項等となっています。

(2) 組合員

　市街地再開発組合の**組合員**は、「組合が施行する第一種市街地再開発事業に係る施行地区内の宅地について所有権又は借地権を有する者」のすべて（法第20条）と、「住生活基本法第2条第2項に規定する公営住宅等を建設する者、不動産賃貸業者、商店街振興組合その他政令で定める者であって、事業への参加を希望し、定款で定められた者」（法第21条）から成るものとされています。なお、後者の組合員のことを「**参加組合員**」といい、その者の適否は定款（組合員の3分の2以上の同意が必要）及び都道府県知事による設立認可に際して判断されることになります。

　宅地又は借地権が数人の共有に属するときには、土地区画整理組合の場合（土地区画整理法第130条）とは異なり、その数人の共有者は全体として1人の組合員とみなされることとされています。特に、区分所有建物のように、

64 　**3**　市街地再開発組合の運営等

建物自体は区分所有されていても、その宅地又は借地権自体は共有されている場合には注意を要する点と思われます。

　なお、当該宅地の共有者（参加組合員がある場合にあっては、参加組合員を含む。）のみが組合の組合員となっている場合には、各共有者をそれぞれ別の組合員として数えることが可能です。

《定款等の記載事項》

	個人施行		組合施行	再開発会社施行	公共団体施行等
	規準	規約	定款	規準	施行規程
事業の種類				○	○
事業の名称	○	○	○	○	○
施行地区に含まれる地域の名称	○	○	○	○	○
事業の範囲	○	○	○	○	○
事務所の所在地	○	○	○	○	○
参加組合員			○		
特定事業参加者				○	○
費用の分担		○	○	○	○
代表者の職名等		○			
役員の定数、任期等			○		
会議		○	○		
総会・総代会			○		
事業年度	○	○	○	○	
公告の方法	○	○	○	○	
保留床の管理処分の方法					○
審査委員等	○	○	○	○	○
会計	○	○	○	○	

⑶ 役員

市街地再開発組合の役員は、**理事**3人以上及び**監事**2人以上と規定されており、役員のうち理事の互選により**理事長**1人を定めることとされています（法第23条）。役員は、原則として組合員（法人の場合はその役員）のうちから総会において選挙されますが、組合員以外の者を選任することも可能です。また、役員の任期は5年以内で定款で定める（補欠役員の任期は前任者の残任期間）こととされています。

役員の職務については、理事長が組合を代表し、組合の業務処理の最高責任を負うものとされています。また、組合の業務は理事の過半数で決し、監事が理事の業務執行状況を監査することとされています。

一方、組合員は、総組合員の3分の1以上の署名を得て、役員の解任を請求することができるものとされています。

⑷ 総会（総代会）

市街地再開発組合の**総会**は、総組合員によって構成されます。総会においては、施行地区が工区に分かれているときには工区ごとに**部会**を設けることができるほか、組合員の数が50人を超える組合においては総会に代わってその権限を行わせるための**総代会**を設けることができることとされています。なお、総代会の総代の定数は組合員の総数の10分の1を下らない範囲で定款で定めることとされており（ただし組合員の数が200人を超える組合においては20人以上であればよい）、総会において定める事項のうちから理事及び監事の選挙又は選任に関する事項、特別議決事項以外の事項について総会に代わって行う権限を有しています。

市街地再開発組合の総会には、①**通常総会**、②**臨時総会**、及び③理事又は監事を選挙又は選任するための総会の3種類があり、通常総会は毎事業年度1回、臨時総会は随時（理事長が必要と認めるときの他、組合員が総組合員の総数の5分の1以上の同意を得て書面により招集を請求したとき）、理事又は監事の選挙又は選任のための総会は組合設立認可の公告があった日から起算して30日以内に招集することとされています。

総会は、総組合員の半数以上の出席が必要であり、議事の採択は出席者の

議決権の過半数により決すること（**通常議決**）とされています。ただし、総会の決議事項のうち特に重要な事項については総組合員の3分の2以上が出席し、出席組合員の議決権の3分の2以上（出席宅地所有者及び出席借地権者の議決権のそれぞれの3分の2以上）の賛成（かつ、賛成した者の所有する地区内の宅地の地積と賛成した者の地区内の借地の地積の合計が地区内の宅地の総地積と借地の総地積の合計の3分の2以上であることが必要）により決する**特別議決**によることが必要です。また、総代会は、総会の議決事項のうち理事及び監事の選挙・選任に関する事項及び特別議決事項以外の事項について議決を行う権限を有しています。

《総会・総代会の権限（法第30条）》

		総会		総代会
		通常議決	特別議決	
①定款の変更	・参加組合員		○	
	・費用の分担		○	
	・総代会の新設・廃止		○	
	・理事・監事の選任等	○		
	・その他の事項	○		○
②事業計画の決定			○	
③事業計画等の変更	・施行地区の変更		○	
	・工区の新設・廃止		○	
	・その他の事項	○		○
④借入金の借入れ等に係る事項		○		○
⑤経費の収支予算		○		○
⑥組合の負担となるべき契約（予算以外）		○		○
⑦賦課金の額及び徴収方法		○		○
⑧権利変換計画		○		○
⑨事業代行開始の申請			○	
⑩第133条の管理規約			○	
⑪組合の解散			○	
⑫その他定款で定める事項		○		○

第4章　市街地再開発事業の概要　67

⑸　経費の賦課徴収等

　市街地再開発組合においては、その事業に要する費用に充てるため、参加組合員以外の組合員に対して金銭を賦課徴収することができます(法第39条)。

　参加組合員に対しては、参加組合員以外の組合員が**賦課金**を納付すべき場合においては、組合員の賦課金に相当する**分担金**の納付義務を課することができます（法第40条）。

　また、参加組合員については、その者が権利変換計画の定めるところに従い取得することとなる施設建築物の一部等の価額に相当する額の**負担金**を納付することが義務付けられています（法第40条）。この場合、負担金の納付期限、分割納付の場合の分割回数等については定款により定めることとされていますが、最終の納付期限は建築工事完了公告の日から１ヶ月を超えてはならないこととされています。

　なお、市街地再開発組合は、組合員が上記賦課金等を滞納したときは、所定の手続により督促した後、地方税の滞納処分の例により滞納処分を行うことができるものとされています。

　なお、次に説明する**特定事業参加者**については、特定事業参加者が権利変換計画の定めるところに従い取得することとなる施設建築物の一部等の価額に相当する額の負担金を納付することが義務付けられています(法第52条等)。

⑹　参加組合員及び特定事業参加者制度

　市街地再開発事業は、保留床処分の成否が事業全体の成否を左右することとなります。

　このため、組合施行では、権利変換期日後に原則として公募により定める保留床取得者を、あらかじめ事業の当初段階で定款に参加組合員として定めることができることとし、保留床の処分先を早期に確定することにより、事業リスクの低減を図る参加組合員制度が設けられています。

　また、平成10年改正において、地方公共団体や機構等の施行する市街地再開発事業についても、参加組合員制度と同様に、施行規程において民間事業者を位置づけ、保留床の処分先を早期に確定する**特定事業参加者制度**が創設されました（法第52条第２項）。

68 **3** 市街地再開発組合の運営等

(イ) **参加組合員の要件**

①参加組合員は、施行者である組合の組合員となって事業に参加し、組合員に関する一般的規定は、ほぼ全て参加組合員においても適用されます（法第21条、但し第44条）。

②事業に参加するのに必要な資力と信用を有する者でかつ組合員（又は組合員となるべき者）の3分の2以上の同意を得てその参加が認められた者に限られています（法第33条）。

③参加組合員は、権利変換により取得することとなる保留床の価額に相当する負担金、組合の事業に要する経費に充当する分担金を組合に納付しなければなりません（法第40条）。

(ロ) **特定事業参加者の要件**

①特定事業参加者は、保留床の価額を負担するために必要な資金及び信用を有し、かつ取得した保留床を市街地再開発事業の目的に適合して利用する者とされています（法第52条第3項において準用する法第50条の3第2項、第3項）。

②特定事業参加者は、権利変換計画認可後に原則として公募で選定される保留床取得者について時期を前倒しして保留床取得予定者として位置付ける者であることから、原則として公募で選定され、権利変換により取得することとなる保留床の価額に相当する負担金を施行者である地方公共団体等に納付しなければなりません。なお、特定事業参加者は、参加組合員と異なり施行者の一員ではなく、保留床取得予定者にすぎないことから、事業に要する経費に充当する分担金の施行者への納付義務はありません（法第50条の10、法第56条の2）。

<参考>特定事業参加者制度と参加組合員制度の比較

	特定事業参加者	参加組合員
施行者	再開発会社、地方公共団体、機構等	市街地再開発組合
位置付け	規準、施行規程に記載	定款に記載
関与	事業計画、権利変換計画等に対する意見書の提出	組合の議決権・選挙権
負担	負担金(取得床の価額相当額)	負担金(取得床の価額相当額) 分担金(組合の事業経費)

4 事業着手のための調査等

(1) 測量・調査等

市街地再開発事業の施行者となろうとする者、市街地再開発組合を設立しようとする者及び市街地再開発事業の施行者は、事業の準備又はその施行のため、他人の占有する土地に立ち入って（又はその命じた者若しくは委任した者を立ち入らせて）測量又は調査を行うことができるものとされているほか、施行認可の公告等があった後においては、市街地再開発事業の施行者は、他人の建築物に立ち入って測量・調査を行うことができるものとされています（法第60条）。

なお、ここにいう「施行者となろうとする者」、「組合を設立しようとする者」とされるためには、少なくとも市街地再開発事業の都市計画決定がなされていることが必要であるほか、施行しようとする事業が個人、市街地再開発組合、再開発会社の施行である場合にあっては、あらかじめ都道府県知事（市の区域内にあっては、当該市の長）による立入りの許可を受けていなくてはなりません（法第60条）。

このようにして土地の測量・調査を行う者は、その測量・調査を行うに当たって必要がある場合には、標識を設けることができる（法第64条）ほか、障害物の伐除・土地の試掘等を行うことができることとされています（法第61条）。この際、当該障害物又は当該土地の所有者及び占有者の同意を得ることができないときは、伐除については市町村長の、試掘等については都道府県知事（市の区域内において都道府県以外の施行者等にあっては、当該市の長）のそれぞれの許可を受けて行わなければなりません。

《土地・建物への立入り》

		土地	建物	知事等の許可
個人 組合 会社	準備者	○	×	必要
	施行者	○	○公告後のみ	必要
地方公 共団体 機構等	準備者	○	×	不要
	施行者	○	○公告後のみ	不要

70 **4** 事業着手のための調査等

⑵ 建築行為の制限等

　市街地再開発事業の施行の認可等があった後においては、施行地区内においては市街地再開発事業の施行の障害となるおそれのある土地の形質の変更若しくは建築物その他の工作物の新・改・増築又は移動の容易でない物件の設置・堆積を行おうとする者は、都道府県知事（市の区域内において個人・組合・再開発会社・機構等・市が施行する第一種市街地再開発事業にあっては、当該市の長）の許可を受けなければならないものとされています。

　また、これらの許可を要する行為でなくとも、これらの公告があった後に建築物その他の工作物の大規模な修繕や、物件の付加設置を都道府県知事の承認を受けずに行った場合においては、権利変換に当たり、これらをもって施行者に対抗することはできないものとされています（法第66条）。

《市街地再開発事業の施行に際しての建築行為の制限等》

事業の段階	建築行為の制限の概要	根拠条文
市街地再開発促進区域の都市計画決定後	木造等の二階建の建築を許可制 （不許可の際は買取り）	第７条の４ 第７条の６
市街地再開発事業の都市計画決定後	すべての建築物の建築を許可制 （不許可の際は買取り）	都計法第53条 都計法第55条 都計法第56条
第一種市街地再開発事業の施行認可後	すべての建築物・工作物の建築、土地の形質の変更、物件の設置等を許可制	第66条
都市計画事業の認可後 （注）	すべての建築物・工作物の建築、土地の形質の変更、物件の設置等を許可制	都計法第65条

（注）第一種市街地再開発事業において都市計画法第65条は不適用（法第６条）

⑶ 事業の周知措置

　市街地再開発事業の施行の認可等の公告があった後は、施行者は、速やかに関係権利者に事業の概要について周知させるため、説明会等を開催することが必要です。この際、説明会の開催場所については、参集者の利便を考慮した上で、開催の１週間前までには関係権利者に通知等をすることが必要です（法第67条）。

第4章　市街地再開発事業の概要　71

⑷　土地調書・物件調書の作成

　市街地再開発事業においては、従前の権利を一定の評価基準日において確定した上で、それを将来建築される施設建築物に関する権利に等価で交換することとされており、従前の資産の内容を正確かつ公正に評価することが事業の実施の上で必要不可欠です。このため、施行者は、市街地再開発事業の施行認可等の公告の後、**土地調書**及び**物件調書**を作成することによって、施行地区内の権利の状況を権利者の確認のもとに把握し、公式的に明らかにすることが必要です。

　なお、土地調書及び物件調書の作成手続、記載事項及び効力については、土地収用法の規定が準用されます。その結果、これらの調書の記載事項が真実の状態を表すものと推定されることとなります（ただし、これらの調書の記載事項が真実に反していることを立証して真否を争うことは妨げられません。）（法第67条）。

72 　確認問題

確認問題　第４章

問　題

No. 7　都市再開発法による市街地再開発事業に関する次の記述のうち、正しいものはどれか。

1．市街地再開発事業を施行する者は、個人施行者、市街地再開発組合、再開発会社、国、地方公共団体、独立行政法人都市再生機構及び地方住宅供給会社とされている。

2．第一種市街地再開発事業の施行は、都市計画において、市街地再開発事業の施行区域として定められた区域に限られている。

3．個人施行の市街地再開発事業の施行の認可を申請しようとする者は、施行地区となるべき区域内の建築物について、対抗できる借家権を有する者が存する場合には事業計画について、必ずその借家権者の同意を得なければならない。

4．個人施行者が、第一種市街地再開発事業について都道府県知事の認可を申請しようとする場合には、あらかじめ、事業計画について、施行地区内にある公共施設の管理者、当該事業の施行により整備される公共施設の管理者等の同意を得なければならない。

5．市街地再開発組合の組合員は、施行地区内の宅地について、所有権または借地権を有するものに限られる。

6．組合が施行する第一種市街地再開発事業の施行地区内の宅地について、所有権若しくは借地権を有する者又は建築物について借家権を有する者は、すべてその組合の組合員となる。

7．組合の設立以降、施行地区内の宅地について所有権又は借地権を有する者が、その権利のすべてを譲渡した場合は、その者は組合員ではなくなる。

8．組合は、事業の継続が困難になった場合においては、都道府県知事の認可を受けて解散することができる。

9．組合は、都道府県知事の組合設立の認可の公告により成立する。

10．市街地再開発組合の早期設立の認可申請があったときは、都道府県知事は事業基本方針について公衆の縦覧に供させる必要がない。

第 4 章　市街地再開発事業の概要　　73

解　説

1．誤：都市再開発法第 2 条の 2 により、国は、市街地再開発事業を施行できない。

2．誤：都市再開発法第 2 条の 2 により、個人施行者は、施行区域外においても第一種市街地再開発事業を施行できる。

3．正：都市再開発法第 7 条の13第 1 項。

4．正：都市再開発法第 7 条の12。

5．誤：都市再開発法第21条により、所有権または借地権を有しない者であっても、参加組合員として、組合の組合員となる場合がある。

6．誤：都市再開発法第20条第 1 項。

7．正：都市再開発法第21条により、譲渡により権利がなくなれば組合員でなくなる。

8．誤：都市再開発法第45条第 1 項、第112条。都道府県知事は事業代行の開始を決定することができる。

9．誤：都市再開発法第18条により、組合は設立の認可により成立する。

10．正：都市再開発法第16条第 1 項。

正解　3 ・ 4 ・ 7 ・ 10

問 題

No. 8 市街地再開発事業における未登記の借地権申告手続に関する記述で、正しいものはどれか。

1. 第一種市街地再開発事業で未登記の借地権申告手続を必要とするのは、個人施行、組合施行、再開発会社施行の場合である。

2. 借地権の申告は、施行区域の公告のあった日から30日以内に施行者に対して行う。

3. 借地権の申告は、組合設立の同意を得るべき未登記の借地権及びその借地権の地積を確認するため行う。

4. 地権を有する者が、借地権の申告をしないと、組合設立後に組合員になれない。

5. 借地権申告は、未登記の借地権を有する者と、その借地の所有者とが事前に協議し、当該借地権が存する旨を、必ず両者が連署して申告しなければならない。

解 説

1. 誤：都市再開発法第2条の2第1項、第15条、第50条の5より、個人施行の場合は全員同意のため、借地権申告手続は必要としない。

2. 誤：都市再開発法第15条の規定に基づく都市再開発法第7条の3準用規定により、当該市町村長に対して行う。

3. 正

4. 誤：都市再開発法第20条の規定により、申告の有無にかかわらず組合員となる。

5. 誤：都市再開発法第7条の3第3項の規定により、連署又は借地権を証する書面を添えて行う。

正解　3

第 4 章　市街地再開発事業の概要　　75

問題

No. 9　市街地再開発事業の事業計画に関する記述で、正しいものは次のうちどれか。

1. 事業計画で定めるべき事項はいずれの施行者においても同一であり、事業基本方針、施行地区（施行地区を工区に分けるときは、施行地区及び工区）、設計の概要、事業施行期間及び資金計画である。

2. 事業計画で定めるべき事項のうち事業施行期間については、建築工事の手順により期間変動が見込まれる場合や権利者の同意に見通しが立たない場合等特別な事情がある場合には定めなくてもよい。

3. 縦覧に供された事業計画の内容に意見のある当該第一種市街地再開発事業に関係のある土地の所有者は、縦覧期間満了の日の翌日から起算して2週間を経過する日までに、都道府県知事に意見書を提出することができる。

4. 組合設立の認可の申請があったときは、施行地区となるべき区域を管轄する都道府県知事は、定款及び事業計画を2週間公衆の縦覧に供しなければならない。

5. 都道府県が市街地再開発事業を施行しようとする場合、施行規程及び事業計画を定め、これらについて国土交通大臣の認可を受けなければならない。

解説

1. 誤：都市再開発法第7条の11第1項（第12条第1項、第50条の6、第53条第4項、第58条第3項準用）より、全ての施行者の事業計画で定めるべき事項は同一であるが、事業基本方針は含まれない。

2. 誤：都市再開発法第7条の11等に施行期間の省略規定はない。設問のような施行期間の変動は、事業計画の変更により対処する。

3. 正：都市再開発法第16条第2項。

4. 誤：都市再開発法第16条第1項、第17条より、知事が市町村長に事業計画を縦覧させ、定款の縦覧の必要はない。

5. 誤：都市再開発法第51条第1項　設計の概要についてのみ認可を受ける。
　　　　なお、市町村にあっては、都道府県知事の認可を受ける。

正解　3

76   確認問題

問 題

No.10　都市計画に住宅建設の目標が定められた事業において、事業計
　　　画の決定に先立って市街地再開発組合を設立する場合の、**A**〜**F**の
　　　手続等の順序で、誤りでないものは次のうちどれか。

> A　　定款及び事業基本方針の策定
> B　　事業計画の縦覧
> C　　組合設立認可申請
> D　　組合の成立
> E　　住生活基本法に規定する公的住宅建設者に対する参加組
> 　　　合員としての参加の機会の付与
> F　　住宅を取得する参加組合員の選定

1．A→C→B→E→F→D
2．A→C→D→E→F→B
3．A→E→F→C→B→D
4．E→F→A→C→D→B
5．F→E→A→C→B→D

解 説

　　事業基本方針により組合を成立させるいわゆる都市再開発法第11条第
2項組合の手続の順を示すものである。

　　C組合設立認可申請（都市再開発法第11条第2項）前の段階で行うべ
きことは、A定款及び事業基本方針の策定、E公的住宅建設者に対する
参加組合員としての参加の機会の付与（都市再開発法第13条）である。
また、住宅を取得する参加組合員は定款で定められるため、F参加組合
員の選定は、原則としてA定款の策定の前までとなる。C組合設立認可
申請の後、認可が得られれば、D組合が設立（都市再開発法第18条）し、
その後にB事業計画の縦覧（都市再開発法第16条第1項）を迎えること
になる。

　　よって、E→F→A→C→D→B　となるのは4。

正解　4

第 4 章　市街地再開発事業の概要　77

問　題

No.11　都市再開発法に定める再開発会社に関する記述で、誤っている
　　　ものは次のうちどれか。

1．再開発会社は第一種又は第二種の市街地再開発事業を施行するこ
　　とができる。

2．再開発会社にあっては、施行地区となるべき区域内の宅地につい
　　て所有権又は借地権を有する者が、総株主の議決権の3分の2以
　　上を保有しなければならない。

3．再開発会社の定款には、株式の譲渡につき取締役会の承認を要す
　　る旨の定めがなければならない。

4．再開発会社として市街地再開発事業を施行しようとする者は、規
　　準及び事業計画を定め、都道府県知事の認可を受けなければなら
　　ない。

5．都道府県知事は、第一種市街地再開発事業について、再開発会社
　　の事業の現況その他の事情により再開発会社の事業の継続が困難
　　となるおそれがある場合において、都市再開発法の規定による監
　　督処分によってはその事業の遂行の確保を図ることができないと
　　認めるときは、事業代行の開始を決定することができる。

解　説

1．正：都市再開発法第2条の2第3項。

2．誤：都市再開発法第2条の2第3項第3号より、過半数。

3．正：都市再開発法第2条の2第3項第2号。

4．正：都市再開発法第50条の2第1項。

5．正：都市再開発法第112条より、事業代行の開始は会社施行にも適
　　用される。

<u>正解　2</u>

78　確認問題

問　題

No.12　市街地再開発組合の定款に関する記述で、正しいものは次のう
　　　ちいくつあるか。

1．組合の総会に関する事項は、都市再開発法に詳しく規定されてい
　　るので、定款で定めなくてもよい。

2．定款には、権利変換期日を定めなくてはならない。

3．組合の役員の定数は、理事3人以上、監事2人以上になるように、
　　定款に定めなくてはならない。

4．組合の理事及び監事の任期は3年以内の期間になるよう、定款に
　　定めなくてはならない。

5．審査委員に関する事項は、定款に定めなければならない。

6．組合における費用の分担並びに組合の会計に関する事項は、定款
　　に定めなくてはならない。

解　説

1．誤：都市再開発法第9条第8号より、総会に関する事項は必須。

2．誤：都市再開発法第73条第1項第17号より、権利変換期日は定款で
　　　はなく、権利変換計画書に記載される。

3．正：都市再開発法第9条第7号、第23条第1項。

4．誤：都市再開発法第9条第7号、第25条第1項より、5年以内。

5．正：都市再開発法第9条第12号、施行規則第1条の11（第1条の8
　　　準用）。

6．正：都市再開発法第9条第6号、第12号、施行規則第1条の11（第
　　　1条の8準用）。

<u>正解　3つ</u>

第 4 章　市街地再開発事業の概要　　79

問　題

No.13　市街地再開発組合の総会の決議事項のうち、特別の議決を要する事項は次のうちどれか。

1．定款の変更のうち、総会に関する事項の変更

2．定款の変更のうち、費用の分担に関する事項の変更

3．事業計画の変更のうち、事業施行期間に関する事項の変更

4．事業計画の変更のうち、資金計画に関する事項の変更

5．権利変換計画の変更

解　説

2．都市再開発法第30条、第33条、都市再開発法施行令第20条より、特別の議決が必要。

正解　2

80   確認問題

問 題

No.14　市街地再開発組合の参加組合員に関する記述で、正しいものは
次のうちどれか。

1．参加組合員が納付すべき負担金の納付期限、納付金額等の負担金
の納付に関する事項は、事業計画で定める。

2．参加組合員が納付すべき負担金は、分割して納付することができ
るが、最終の納付期限は都市再開発法第100条の公告の日（建築
工事完了の公告の日）までとしなければならない。

3．施行地区内の宅地の所有権者、借地権者又は借家権者は、優先的
に参加組合員になることができることとされている。

4．参加組合員の議決権を1を超えて定款に定めることはできない。

5．参加組合員は、組合の役員となることができる。

解 説

1．誤：都市再開発法第40条及び都市再開発法施行令第21条より、事業
計画でなく、定款で定める。

2．誤：都市再開発法第40条及び都市再開発法施行令第21条より、工事
完了公告から1月を超えない期限。

3．誤：都市再開発法第21条、都市再開発法施行令第6条より、参加組
合員となれるものは資力信用を有する者等で、施行地区内の関係
権利者の優先性が法に規定されている訳ではない。

4．誤：都市再開発法第37条第1項より、組合員と同様に、定款に特段
の定めがある場合は、1を超えることができる。

5．正：都市再開発法第24条第1項。

正解　5

第5章

第一種市街地再開発事業

1 権利変換手続等に関する事項…………… 82

2 工事の開始から事業の完了……………… 97

1 権利変換手続等に関する事項

Ⅰ 権利変換の種類

権利変換とは、第一種市街地再開発事業において、権利者の従前の権利を新たに建築される施設建築物に関する権利に一括して変換することをいい、事業の中核をなす手続です。権利変換の方式には、①原則型、②地上権非設定型、③全員同意型の3種類があります。

《権利変換計画決定のまとめ》
1）原則型
〔敷　地〕事業前に細分化されていた土地は合筆され一筆となり、事業前の土地所有者全員の共有持分となります。
〔建　物〕事業前の土地所有者及び借地権者並びに保留床の買い手が区分所有することとなります。
〔地上権〕床所有者で土地の所有権を持っていない者のために、一筆となった土地を使うための権利として地上権を設定します。地上権は床を所有する者全員の共有持分となります。
〔借家人〕事業前の家主と借家人の関係は、新しい建物の中にそのまま引き継がれます。

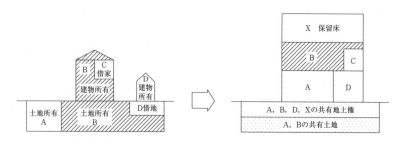

2）地上権非設定型（市街地改造型、111条型）
　〔敷　地〕　事業前に細分化されていた土地は合筆され一筆となり、保留床の買い手を含めて事業後の建物の床所有者全員の共有持分となります。
　〔建　物〕　事業前の土地所有者及び借地権者並びに保留床の買い手が区分所有することとなります。
　〔地上権〕　土地所有者と建物所有者が一致するので設定しません。地代を徴収する手間が不要で、全権利者が、土地・建物について同質の権利を有することとなり、建て替え時の地上権更新料等の問題が発生しない利点があります。

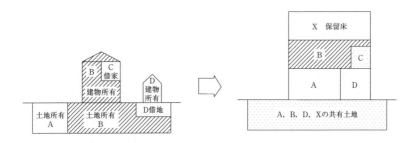

3）全員同意型
　平成28年の法改正により、個別利用区制度が創設されたことに伴い、事業計画において個別利用区が定められた場合には、
　　A　施設建築物又は施設建築敷地に関する権利を取得する権利者
　　B　個別利用区内の宅地又はその使用収益権を取得する権利者
に二分されることとなります。このため、関係する権利者が全員同意した場合に加え、それぞれの権利者が原則によらない自由度の高い権利変換を行うことができるよう、これらの権利者のどちらか一方のみが全員同意した場合の特則が創設されました。
①　関係権利者の全員同意を得た場合（防災街区型、110条型）
　関係する権利者が権利変換の内容について全員同意すれば、原則型や地上権非設定型によらずに権利変換を行うことができます。

事業を行う地区の特性に応じて、その地区に最もふさわしい権利形態を決めることが可能です。

② 指定宅地以外の権利者等の全ての同意を得た場合（110条の2型）

指定宅地以外の権利者のみに関係する事項（施設建築物の土地建物の所有形態等）について、原則型や地上権非設定型によらずに権利変換を行うことができます。

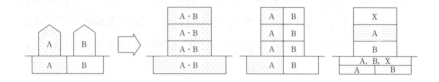

③ 指定宅地の権利者の全ての同意を得た場合（110条の3型）

指定宅地の権利者のみに関係する事項（個別利用区内の権利関係等）について、原則型や地上権非設定型によらずに権利変換を行うことができます。

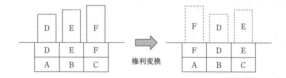

4）土地共有化原則の特例

平成28年の法改正により創設されました。施行地区内の宅地の所有者の数が僅少であり、従前の土地所有形態を残した権利変換を行うことが事業遂行の支障とならない場合など特別な事情があるときは、一個の施設建築物に係る施設建築敷地が二筆以上の土地となるものとして権利変換を行うことができます。

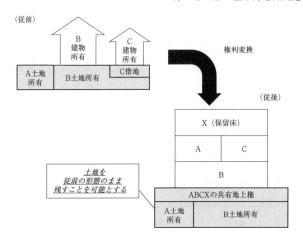

(1) 原則型

　原則型の権利変換とは、都市再開発法第74条から第82条までに記載された権利変換の原則的な基準に則って作成される権利変換計画に従った権利変換のことです。こうした原則的な基準としては、具体的には以下のものがあります。

　(a) 一般的基準

　　災害の防止、衛生の向上、居住条件の改善等を図るとともに、関係権利者の利害の衡平を図らなければならない（法第74条）。

　(b) 土地の共有

　　一個の施設建築物の敷地（施設建築敷地）は一筆の土地となり（「一棟一筆の原則」といいます。）、従前の土地所有者には施設建築敷地の共有持分が従前の宅地の価額に応ずる割合で与えられる（法第75条、第76条）。

　(c) 地上権の設定

　　施設建築敷地には、施設建築物の所有を目的とする地上権が設定され、従前の土地所有者には、その地上権の設定に伴う損失の補償として施設建築物の一部等が与えられる（法第75条、第77条）。

　(d) 借地権者及び建物所有者

　　借地権者及び建物所有者に対しては、施設建築物の一部等が与えられ

る。この際、従前の土地・建物の位置、面積、利用状況とこれに対応して与えられる施設建築物の一部等の位置、床面積、環境等とを勘案して、関係権利者相互間に不均衡が生じないようにするほか、従前の財産と再開発後の財産との間に著しい差額が生じないようにしなければならない（均衡の原則）（法第77条）。

(e) 借家権者

借家権者（転借家権者がいるときは、その転借家権者）は、その家主に対して与えられる施設建築物の一部について借家権が与えられる。なお、従前の家主が地区外転出をした場合においては、施行者が家主に代わって借家人に借家させる（法第77条）。

(f) 保留床の帰属

保留床は、権利変換により、施行者に帰属する（法第77条）。

(g) 担保権等

宅地若しくは借地権又は建築物について担保権等の登記に係る権利が存するときは、従前権利に対応して与えられる施設建築敷地若しくはその共有持分又は施設建築物の一部等の権利の上に移行する（法第78条）。

(h) 過小床の処理

従前の土地・建物を、等価原則に従って権利変換するときに、衛生の向上・居住条件の改善という一般的基準に適合した新たな財産を与えることができない場合には、原則として増床するとともに、増床によって対応し得ない場合（徴収清算金が過大になる場合等）には、施設建築物への権利変換を行わず、金銭による補償をすることができる（法第79条）。

(i) 評価の原則

従前の財産と従後の財産とを同一の時点、即ち評価基準日（事業計画認可の公告等のあった日から30日を経過した日（すなわち31日目））において鑑定評価する（法第80条、第81条）。

(j) 公共施設の用に供する土地の帰属

従前の公共施設に代えて設置される新たな公共施設の用に供する土地は、従前の公共施設の用に供する土地の所有者に帰属する。また、新たに設けられる公共施設の用に供する土地は、当該公共施設を管理すべき

者に帰属する（法第82条）。

(2) 地上権非設定型（111条型権利変換）

　権利変換計画において、原則型によることが適当でない特別の事情（例えば土地の所有者の大多数が地上権の設定された施設建築敷地の共有持分の所有を欲しない等）があるときには、これによることなく、施設建築敷地の上に直接（すなわち地上権を介することなく）施設建築物が存在するように権利変換計画を定めることができるものとされています（法第111条）。この方式の権利変換を**地上権非設定型**の権利変換（又は単に「**111条型権利変換**」）といい、従後の所有形態が一般的な分譲マンションと同様でもあることから、原則型より多く活用されています。

(3) 全員同意型（110条型権利変換）

　市街地再開発事業において現実に最も多く活用されているのが、法第110条に基づく**全員同意型**の権利変換（又は単に「**110条型権利変換**」）です。これは、権利変換計画について施行地区内の土地又は物件に関して権利を有する者※及び参加組合員又は特定事業参加者の全員が同意している場合においては、原則型の権利変換に係る基準のうち(a)(j)を除くすべての基準によらないで（つまり、適用してもしなくてもよい。）、権利変換計画を定めることができるとするものです。

※　施行地区内の土地又は物件について権利を有する者とは、土地調書及び物件調書に記載されたすべての権利者のことをいい、宅地の所有者、借地権者、建物の所有者はもとより、借家人、間借り人、担保権者、使用貸借権者、地役権者など一切の権利者が該当します。

　なお、新たに創設した110条の2型及び110条の3型と、それぞれ適用除外となる事項を比較すると、以下のようになります。

特則の類型	各特則を用いた場合に適用除外となる事項
①施行地区内の権利者等の全ての同意を得た場合の特則（110条型）	◇②において適用除外となる事項 ◇③において適用除外となる事項 ◇関係権利者の全員に関係する事項 ・資産の価額の算定基準 ・権利変換計画の縦覧義務 ・保留床の公募原則
②指定宅地の権利者以外の権利者等の全ての同意を得た場合の特則（110条の2型）	◇指定宅地以外の権利者のみに関係する事項 ・指定宅地以外の宅地及び当該宅地に存する建築物に係る権利に争いがある場合の取り扱い ・施設建築敷地に係る権利の態様についての原則 ・土地所有者（指定宅地の所有者を除く。）に与えられるべき権利の態様についての原則 ・借地権者・建築物所有者（指定宅地の権利者を除く。）に与えられるべき権利の態様についての原則 ・指定宅地以外の宅地及び当該宅地に存する建築物に係る担保権等の登記に係る権利の取り扱いについての原則 ・権利変換期日における土地に関する権利の変換（指定宅地に係る部分を除く。） ・権利変換期日における建築物に関する権利の変換 ・権利変換期日における施設建築敷地への地上権の設定等 ・権利変換期日における指定宅地以外の宅地等について存する担保権等の移行 ・借家条件の協議義務
③指定宅地の権利者の全ての同意を得た場合の特則（110条の3型）	◇指定宅地の権利者のみに関係する事項 ・指定宅地に係る権利に争いがある場合の取り扱いについての原則（指定宅地に係る部分に限る。） ・個別利用区内の宅地に係る権利の態様についての原則 ・指定宅地に係る担保権等の登記に係る権利の取り扱いについての原則 ・権利変換期日における土地に関する権利の変換（指定宅地に係る部分に限る。） ・権利変換期日における指定宅地の使用収益権の変換 ・権利変換期日における指定宅地又はその使用収益権について存する担保権等の移行

《権利変換の種類別分類》（第1種市街地再開発事業）

	地区数	割　合
原　則　型	15地区	1.4%
地上権非設定（111条）型	450地区	42.9%
全員同意（110条）型	584地区	55.7%

（注）令和5年3月末現在

II　権利変換の手続

　市街地再開発事業における権利変換は、それを実現するための一連の手続に基づいて行われることになります。具体的には以下の諸手続から構成されます。

⑴　権利変換手続開始の登記（70条登記）

　市街地再開発事業の施行の認可等の公告がなされた場合は、施行者は、遅滞なく、施行地区内の宅地、建築物、その宅地に存する既登記の借地権について、権利変換手続開始の登記を登記所に申請又は嘱託することとされています。

　この登記がなされた後は、登記に係る権利者は、施行者の承認を得なければこれらの権利を処分することはできないとされています。もし、承認なしで処分した場合は、施行者に対抗することはできません（法第70条、**2**Ⅳ⑴参照）。

⑵　個別利用区内の宅地への権利変換の申出

　事業計画において個別利用区が定められたときは、施行地区内の宅地の所有権又は借地権を有する者は、市街地再開発事業の施行の認可等の公告があった日から起算して30日以内に、施行者に対して個別利用区内の宅地への権利変換の申出を行うことができます。（法第70条の２）

　個別利用区内の宅地への権利変換の申出を行うには、以下の全ての要件に該当しなければならないこととされています。

①　当該申出に係る宅地について、当該申出をする者以外の使用収益権を有する者又は当該宅地に存する建築物について所有権若しくは借家権を有する者の同意が得られていること。

②　当該申出が、施行地区内に現に存する建築物のうち、次のいずれかに該当するものを存置し、又は移転することを目的とするものであること。

　ａ．容積率及び建築面積が、高度利用地区等に関する都市計画において定められた建築物の容積率及び建築面積の最低限度を上回るものとし

90　**1**　権利変換手続等に関する事項

　　て規準等で定める数値以上である建築物
　　ｂ．建築基準法の規制が適用除外とされている文化財等
　　ｃ．公衆便所、巡査派出所その他これらに類する建築物で、公益上必要
　　　なもの
　　ｄ．学校、駅舎、卸売市場その他これらに類する公益上必要な建築物で、
　　　特定行政庁の許可を受けたもの
　③　当該申出に係る宅地の地積が、規準等で定める規模以上であること。
　なお、申出に基づき、個別利用区内の宅地へ権利変換すべき宅地として指
定された宅地を、指定宅地といいます。

(3)　地区外転出等の申出

　市街地再開発事業の施行の認可等の公告がなされた場合は、施行地区内の
宅地の所有者、その他宅地について借地権を有する者又は施行地区内の土地
に権原に基づき建築物を所有する者は、当該公告があった日から起算して30
日以内に、施行者に対して地区外転出等の申出（権利変換によらずに金銭の
給付を希望又は自己所有建物の移転を希望する旨の申出）を行うことができ
ます。なお、借家権者（転借家権者がいるときは、その転借家権者）につい
ても同様に権利変換による借家権の取得を希望しない旨の申出をすることが
できます（法第71条）。

(4)　評価基準日

　地区外転出等の申出の期限が経過した日（すなわち事業認可等の公告後第
31日目の日）は、権利変換計画作成に際しての**評価基準日**とされ、権利変換
計画における評価に際して重要な意味を持つことになります。すなわち、評
価基準日は、権利変換計画に記載される従前資産の価額評価の基準日となる
ほか、施設建築物に係る権利の確定額を算定するに際してもその基準日とさ
れることになるものです。

　なお、この評価基準日から６カ月以内に権利変換計画案が縦覧されない場
合にはこの評価基準日は撤回され、６カ月が経過した翌日から再び(2)、(3)の
手続を行うこととされています（以降、縦覧開始まで６カ月毎にこの手続が

繰り返されることになります。）。

(5) 権利変換計画の認可等

　施行者は、地区外転出等の申出に係る手続に必要な期間の経過後遅滞なく、施行地区ごとに権利変換計画を定め、都道府県知事等※の認可を受けなければならないものとされています。この際、個人施行の事業については、施行地区内の宅地又は建築物について権利を有する者全員の同意、再開発会社施行の事業については、施行地区内の宅地について所有権を有するすべての者及び宅地について借地権を有するすべての者の人数のそれぞれ3分の2以上の同意（かつ、同意した者の所有する地区内の宅地の地積と同意した者の地区内の借地の地積の合計が地区内の宅地の総地積と借地の総地積の合計の3分の2以上であることが必要）を得た上で、審査委員の過半数の同意又は市街地再開発審査会の議決を得ることが必要とされています。また、市街地再開発組合施行の事業については、その総会での議決（普通議決）が必要とされています。なお、施行地区が工区に分かれているときは、権利変換計画は工区ごとに定めることができます（法第72条）。

※　個人施行者、市街地再開発組合、再開発会社、市のみが設立した地方住宅供給公社又は市町村にあっては都道府県知事、都道府県、独立行政法人都市再生機構にあっては国土交通大臣の認可を受けなければなりません。

《権利変換計画において定めるべき事項》（法第73条第１項）

① 配置設計（１号）

② 施行地区内に指定宅地以外の宅地、借地権又は権原に基づき建築物を有する者で権利変換後に資産を与えられるべき者の氏名等、その者の有する資産の価額、その者が与えられるべき権利内容とその概算額（２〜４号）

③ 担保権等の登記に係る権利を有する者の氏名等及びその権利、その者が権利変換後の資産の上に有することとなる権利（５〜６号）

④ 指定宅地又はその使用収益権を有する者の氏名等、その者の有する資産の価額、その者が与えられるべき権利内容とその概算額（７〜９号）

⑤ 指定宅地又はその使用収益権について担保権等の登記に係る権利を有する者の氏名等及びその権利、その者が個別利用区内の宅地又はその使用収益権の上に有することとなる権利（10〜11号）

⑥ 借家権者（転借家権者がいるときは、その転借家権者）で事業後に施設建築物の一部について借家権が与えられることとなる者の氏名等、その者に与えられる借家権の対象となる施設建築物の一部（12〜13号）

⑦ 施設建築敷地の借地条件の概要（14号）

⑧ 施行者が家主となる場合の借家条件の概要（15号）

⑨ 過小床不交付となる者の氏名等並びにその者の権利及びその価額（16号）

⑩ 施行地区内の宅地（指定宅地を除く。）若しくは建築物又はこれらに関する権利を有する者で権利変換後に権利を与えられない者の氏名等並びにその者の有する権利及びその価額（17号）

⑪ 参加組合員の氏名等、その者に与えられることとなる権利の明細（18号）

⑫ 特定事業参加者の氏名等、その者に与えられることとなる権利の明細（19号）

⑬ 保留床の管理処分方法等（20号）

⑭ 新たな公共施設の用に供する土地の帰属に関する事項（21号）

第5章　第一種市街地再開発事業　　93

⑮　権利変換期日、土地明渡しの予定時期、個別利用区内の宅地の整備工
　事の完了の予定時期及び施設建築物の建築工事完了の予定時期（22号）
　等

⑹　権利の変換

　施行者は、権利変換計画の認可を受けた時は、遅滞なく、その旨を**公告**し、
関係権利者に関係書類を**通知**しなければなりません（**権利変換処分**）（法第
86条）。

　そして、権利変換計画において定められた**権利変換期日**においては、

　㈠　従前の土地を目的とする所有権以外の権利は消滅し、施行地区内の土
　　地（指定宅地を除く。）は権利変換計画の定めるところに従い、新たに
　　所有者となるべき者に帰属します。

　㈡　施行地区内の土地（指定宅地を除く。）の権原に基づく建築物を目的
　　とする所有権以外の権利は消滅し、当該建築物の所有権は施行者に帰属
　　します。

　㈢　施行地区のうち施設建築物の敷地となるべき土地には、施設建築物の
　　所有を目的とする地上権が設定されたものとみなされる（ただし建築工
　　事完了の公告の日までの間は施行者がその地代を支払う。）こととされ
　　ています。

　㈣　施行地区内の宅地（指定宅地を除く。）若しくはその借地権又は施行
　　地区内の土地（指定宅地を除く。）に権原に基づき所有される建築物に
　　ついて存する担保権等の登記に係る権利は、権利変換計画の定めるとこ
　　ろに従い、施設建築敷地若しくはその共有持分又は施設建築物の一部等
　　に関する権利の上に存することとされます。

　㈤　指定宅地の使用収益権は、権利変換期日以降は、権利変換計画の定め
　　るところに従い、個別利用区内の宅地の上に存することとされます。

　ただし、全員同意型の権利変換計画による場合には、権利変換期日におけ
る権利の得喪は上記の㈠〜㈤にかかわらず権利変換計画の定めるところによ
り行われ、地上権非設定型の権利変換計画による場合には上記の㈢の適用は
ありません。

94 **1** 権利変換手続等に関する事項

(7) 権利変換の登記（90条登記）

　施行者は、市街地再開発事業の権利変換期日後遅滞なく、施行地区内の土地につき、従前の土地の表示の登記の抹消及び新たな土地の表示の登記並びに権利変換後の土地に関する権利について必要な登記を申請し、又は嘱託しなければならないこととされています（法第90条、**2** Ⅳ(2)参照）。

第5章 第一種市街地再開発事業

《権利変換手続の概要》

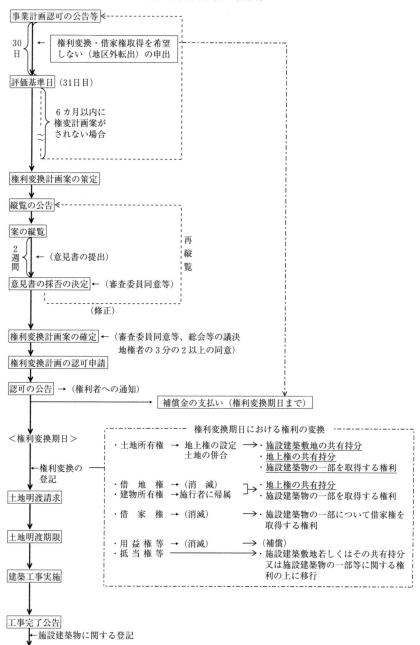

（コラム）権利変換処分と換地処分

　都市再開発法と土地区画整理法は、従前の権利を従後の権利に変えることにより既成市街地の整備を進める手法であり、系譜として前者は後者の流れを引き継ぐ部分があることからも良く似た事業制度であると言われます。

　しかしながら、土地区画整理事業は、従前の権利関係について同一性を保ちつつ土地の交換分合（換地処分）を行う事業で建築物は対象としていない一方、市街地再開発事業は、宅地の立体化を行うため権利変換処分により、土地及び建築物を新たな建築物の一部等に変換し、土地及び建物を一体的に整備する事業であることが、両者の相違点となります。また、土地区画整理事業では事業全体が終了した段階（換地処分）で初めて権利の移転や従前従後の金銭的な差額等が確定しますが、市街地再開発事業では、工事が行われる前に（権利変換計画）従前の権利が従後にどのように移転するかが決められる点も両者の相違点とされています。

2 工事の開始から事業の完了

I 補償金等の支払い

施行者が市街地再開発事業において支払うこととなる補償金は、権利変換を希望せず地区外へ転出する人等へ支払われる補償金と、市街地再開発事業の工事のための土地の明渡しに伴う損失補償とがあります。

(1) 地区外転出者等への補償（91条補償）

91条補償は、権利変換計画に記載され、施行者が、施行地区内に権利を有する者で権利変換期日において権利を失い、かつ、当該権利に対応して従後の権利を与えられない者（権利変換を希望せず金銭給付の申出をした地区外に転出する者等）に、その補償として権利変換期日までに支払う補償金で、評価基準日から権利変換計画の認可の公告の日まで物価変動修正率を用いて、その公告の日から補償金の支払い日まで法定利率の利息相当額を加えて支払われます。

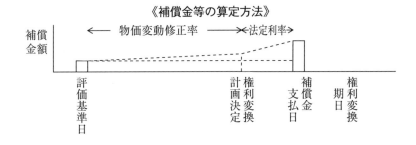

(2) 土地の明渡しに伴う損失補償（97条補償）

97条補償は、市街地再開発事業の工事のための土地の明渡しに伴い関係権利者が受ける通常損失を補償（**通損補償**）するもので、権利変換計画に記載

98　**2**　工事の開始から事業の完了

されず、施行者と関係権利者が協議して定めたうえで、土地の明渡しの期限までに支払う補償金のことです。この補償金としては、物件の移転料、仮住居・仮営業所のための費用、移転雑費等があります。

第5章　第一種市街地再開発事業　99

Ⅱ　施設建築物の工事等

⑴　工事の準備

　市街地再開発事業においては、権利変換期日において、施行地区内の建築物は施行者に帰属することとされていますが、施行者が別途通知する明渡しの期限までは、従前土地又は建築物を占有していた者及びその承継人が占有を継続することができることとされています（法第95条）。このため、実際に施設建築物の建築工事を始めようとするにあたっては、あらかじめ、期限を定めて土地等の占有者に対して**明渡し**を求めることが必要とされており、かつ、当該明渡しの期限は請求日の翌日から起算して30日を経過した後の日でなければならないこととされています（法第96条）。

　なお、このような明渡しに際して通常生じる損失については、明渡し期限までに施行者が支払うことが必要とされています（法第97条）。

　また、施行者が明渡しを求めたにもかかわらず、土地等の占有者がその義務を履行しないとき、義務を履行しても十分でないとき等においては、都道府県知事は代執行を行うことができることとされています（法第98条）。

⑵　特定建築者（施設建築物の建築の特例）

　施設建築物の建築は、施行者が自ら行うものでありますが（法第2条第1号及び第2号）、都市再開発法は、一定の条件を満たす場合に限っては、施行者以外の者がその建築を行うことができることとしており、これを**特定建築者制度**と呼んでいます。

　特定建築者制度とは、権利変換計画において施行者がその全部又は一部を取得するように定められた施設建築物について、権利変換計画においてその旨を定めた上で、当該施設建築物（**特定施設建築物**）の建築を施行者以外の者（特定建築者）に行わせることができるというものです（法第99条の2）。

　この規定に基づいて特定建築者となるに際しては、国、地方公共団体、地方住宅供給公社、日本勤労者住宅協会その他政令で定める者以外の場合にあっては、あらかじめ公募によることを要することとされており、また、施行者がこのように**公募**により特定建築者を定めるにあたっては、特定建築者と

しようとする者が事業計画及び権利変換計画に従って施設建築物の建築等を行うこと及び資力・信用を十分に備えていること等を確認することが必要であるほか、事業施行認可権者の承認を受けることが必要とされています。

特定施設建築物のうち特定建築者が取得する部分については、権利変換計画においては施行者に帰属することになっていますが、その管理処分の方法により、工事の完了と同時に特定建築者が原始取得することとされているので（法第88条第2項の例外規定としての法第99条の2第3項）、施行者は、特定建築者からの工事完了の届出を受理した後速やかに当該特定施設建築物の全部又は一部の所有を目的とする地上権又はその共有持分を特定建築者に対して譲渡することとなります（法第99条の6）。

なお、特定建築者制度は、昭和55年に創設された制度ですが、当初は全て保留床からなる施設建築物で当該建築物について借家権、担保権の目的になるように定められていないものに対象が限られていました。しかし、平成11年改正において、一部権利床を含む施設建築物について当該制度の対象とすることとされ、これにより、ほぼすべての市街地再開発事業で特定建築者制度を活用することが可能となりました。

《特定建築者制度の概要》

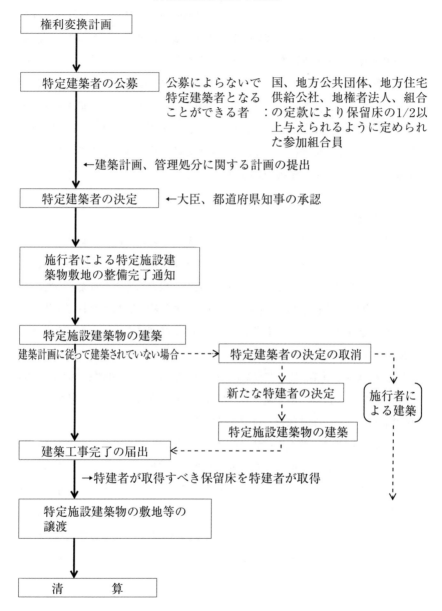

102　**2**　工事の開始から事業の完了

(3)　公共施設管理者（公共施設の工事の特例）

　市街地再開発事業においては、公共施設の整備は原則として施行者が行う仕組みとなっていますが、事業によっては、施行者が自ら行うよりも、技術と経験を有する公共施設管理者が自ら公共施設の整備を行うことが、事業推進・事業後の適切な管理という観点から適当である場合もあります。このため、一般国道、公共下水道、河川等については、公共施設の管理者が自らその整備工事を行うことができることとされています。この際、公共施設の管理者が行う工事の範囲については、あらかじめ事業計画に定めておくことが必要とされています（法第99条の10）。

(4)　事業代行

　個人施行者、組合若しくは再開発会社が施行する市街地再開発事業については、地方公共団体又は機構等が施行する事業に比べれば、時間の経過に伴ってその事業遂行のための能力が不十分となる場合も考えられます。特に、権利変換期日に従前権利が変換され、従前の建築物を除却されれば原状回復が不可能となりますので、事業が中途で不能な状態に立ち至った場合の法律的担保措置を講じておくことが必要です。このため、個人施行者・組合・再開発会社施行の事業については施行の認可の取消、組合の解散を権利変換期日前に限定するほか、個人施行者、組合及び再開発会社に対する監督規定を厳重にし、また、**事業代行**の制度を設けているところです。

　事業代行制度は、個人施行者、組合若しくは再開発会社施行の市街地再開発事業において、都道府県知事が事業の継続が困難となるおそれがあり、かつ、監督処分によっては事業の遂行を担保できないと認める場合、事業代行の開始を決定することができるものとされており（法第112条）、この場合、組合の代表、業務の執行、財産の管理及び処分に関する権限は都道府県知事（又は市町村長）に専属することとなります（法第114条、第115条）。

第5章　第一種市街地再開発事業　　103

Ⅲ　工事の完了

⑴　工事の完了公告等

　市街地再開発事業の施行者は、

　①　個別利用区内の宅地の整備及びこれに関連する公共施設の整備に係る
　　工事が完了したとき

　②　施設建築物の建築工事を完了したとき

には速やかにその旨の**公告**を行うとともに、①については個別利用区内の宅
地又はその使用収益権を取得した者に、②については施設建築物に関する権
利を有する者に、それぞれ**通知**を行わなければなりません。また、遅滞なく、
施設建築物に関する登記をしなければならないものとされています（法第
100条、第101条、**2**Ⅳ⑶参照）。

　この登記には、次のものが含まれます。

　　・　施設建築物の区分所有権の登記
　　・　施設建築物の一部の上に設定される担保権等に関する登記
　　・　清算金の予算額の登記
　　・　事業代行の場合の求償債権の額の登記

　なお、施設建築物に関する登記については、上記の登記がされるまでの間、
他の登記を行うことはできません。

⑵　価額の確定及び清算

　市街地再開発事業の工事の完了に伴い、施行者は、すみやかに、当該事業
に要した費用の額を確定するとともに、その確定した額等を基準として従前
権利者に与えられる施設建築物の一部等の**価額の確定**をして通知しなければ
ならないこととされています（法第103条）。

　この場合、その確定した価額と従前の権利の価額との間に差があるときは、
施行者は、当該差額を徴収（**徴収清算金**）又は交付（**交付清算金**）しなけれ
ばならないこととされています（法第104条）。

(3) 借家条件の協議・裁定

市街地再開発事業において新たに建築された施設建築物の一部に権利変換によって借家権を与えられることとなる従前権利者がいる場合には、建築物の性質が事業の前と後とでは大きく異なることとなることから、家主（施行者が家主となる場合を除く。）と借家権者とは、家賃その他の借家条件について協議をしなければならないものとされています。

なお、このような協議が工事完了の公告の日までに整わない場合には、当事者は施行者に対して借家条件の裁定を求めることができ、施行者はこれを受けて審査委員の過半数の同意等を経て、家賃の額等について裁定を行うこととされています（法第102条）。

(4) 保留床の処分

事業の施行に伴い施行者が取得した施設建築物の一部等は、巡査派出所等公益上欠くことができない施設の用に供するために必要があるとき等を除き、**公募**により賃貸・譲渡することとされています（法第108条。ただし全員同意型権利変換による場合には適用除外）。

ただし、施行地区内に宅地、借地権若しくは権原に基づき存する建築物を有する者若しくは施行地区内の建築物について借家権を有する者の居住又は業務の用に供するため特に必要がある場合等においては、これらの者に対して公募によらずに賃貸・譲渡することができるものとされています（**特定分譲**）。

Ⅳ 登記

　市街地再開発事業は、権利変換により、従前の権利を一括して新たな権利に変換するとともに、権利変換期日後に施設建築物が建築される事業手法であることから、地権者の権利を保全するとともに、円滑な登記手続を確保するため、都市再開発法において、以下のような登記に関する規定を設けています。

(1)　権利変換手続開始の登記（70条登記）

　市街地再開発事業の事業計画の公告があったときは、施行者は、遅滞なく、施行地区内の宅地及び建築物並びにその宅地に存する既登記の借地権について、権利変換手続開始の登記を申請し、又は嘱託しなければならないこととされています（法第70条）。この権利変換手続開始の登記は、不動産取引の安全を図るとともに、あわせて、権利変換手続の円滑な進行を確保することを目的としたものです。

　権利変換手続開始の登記の効果としては、このような登記がなされた権利を処分するに際して施行者の承認を得なければならないこととなり、施行者は重大な支障等の正当な理由がなければこれを拒むことはできないとされる一方、このような承認を得ないでした権利の処分については、当事者間では有効ではありますが、これをもって施行者に対抗することはできないことになります。

(2)　権利変換の登記（90条登記）

　施行者は、市街地再開発事業の権利変換期日後遅滞なく、施行地区内の土地につき、従前の土地の表示の登記の抹消及び新たな土地の表示の登記並びに権利変換後の土地に関する権利について必要な登記を申請し、又は嘱託しなければならないこととされています（法第90条）。

　この権利変換の登記は、権利変換期日において生じた権利の得喪変更を権利変換期日後遅滞なく施行者がなすべきことを定めているものであり、施行者にその実施が義務付けられているものです。

106 **2** 工事の開始から事業の完了

　権利変換の登記の効果としては、権利変換期日以後においては、施行地区内の土地等に関しては、権利変換の登記がなされるまでの間は他の登記をすることができないこととされています。

(3) 施設建築物に関する登記（101条登記）

　市街地再開発事業の施設建築物の建築工事が完了したときは、施行者は、遅滞なく、施設建築物及び施設建築物に関する権利について必要な登記を申請し、又は嘱託しなければならないこととされています（法第101条）。

　この施設建築物に関する登記は、施設建築物の工事完了に伴い、複雑な権利関係となっている施設建築物の権利を確実に保護する観点から、施行者が一括して登記を行うこととされています。

　施設建築物に関する登記は、権利床、保留床の双方について行われ、また、施設建築物の工事完了前に処分された保留床については直接に買主名義での保存登記ができることとされています。さらに、施設建築物に関する権利に関しては、この登記がなされるまでの間は、他の登記を行うことはできないこととされています。

第5章　第一種市街地再開発事業　107

V　その他事項

(1)　審査委員等

　市街地再開発事業においては、その施行に当たり、土地・建物の権利関係の調整や評価の公正を確保するため、個人施行者・組合・再開発会社施行の事業については**審査委員**を、地方公共団体、機構等施行の事業については**市街地再開発審査会**を置くこととされています。

　審査委員については、その資格は、土地・建物の権利関係について特別の知識経験を有し、かつ、公正な判断をすることができる者（学識経験者）でなければならないこととされており、このような学識経験者としては、権利関係その他については弁護士等の法律専門家が、また、評価については不動産鑑定士その他の評価専門家が、それぞれこれに当たります。審査委員の選任については、個人施行及び再開発会社の場合には都道府県知事の承認が、また、組合施行の場合には総会での議決が、それぞれ必要とされています。なお、審査委員の数は、個人施行、組合施行、再開発会社施行いずれの場合においても<u>3人以上</u>であることが必要です。

　一方、市街地再開発審査会の委員は、上述の学識経験者に加えて、施行地区内の所有権者又は借地権利者の中から地方公共団体の長又は機構・公社の長が任命することとされています。また、その人数についても5人以上20人以内の範囲で施行規程により定めることとされていますが、そのうち少なくとも3人以上は学識経験者でなくてはなりません。

　審査委員及び市街地再開発審査会委員の議決等については、審査委員にあってはその過半数の同意が、また、市街地再開発審査会委員にあっては学識経験者たる委員の過半数を含む全委員の過半数の賛成が必要です。

《審査委員又は市街地再開発審査会委員の議決等を要する事項》
①　過小床基準の決定（法第79条）
②　権利変換計画に対する意見書の採否の決定（法第84条第2項）
③　権利変換計画の決定又は変更（法第84条第1項）
④　土地の明渡しに伴う補償額の決定（法第97条）

108 **2** 工事の開始から事業の完了

⑤ 借家条件の裁定（法第102条）

⑥ やむを得ない事情により地区外転出等の申出をしたことについての認定（第7章 **3** ⅠE 参照）

《審査委員と審査会》

個人 組合 会社	地方公共団体 機構等
審査委員	市街地再開発審査会
知事承認 総会議決 知事承認	地方公共団体等の長の任命
3人以上（学識経験者） （例）権利関係（弁護士等） 評価 （鑑定士等） その他 （建築士等）	5～20人 3人以上（学識経験者） ＋ 地区内権利者

(2) 区分所有法の特例

　区分所有法第31条においては、規約の設定、変更又は廃止は区分所有者及び議決権のそれぞれ4分の3以上の決議によってすることとされています。市街地再開発事業による施設建築物については、区分所有者が多数であるため、この決議によって規約を設定することが著しく困難であるような場合には、施設建築物の適正な管理の確保を図る見地から、施行者が管理規約を定める必要があります。

　そこで、市街地再開発事業の施行者は、国土交通大臣又は都道府県知事の認可を受けて、施設建築物及び施設建築敷地の管理又は使用に関する**管理規約**を定めることができることとし、この管理規約は区分所有法第30条第1項の規約とみなすこととしています（法第133条）。

第 5 章　第一種市街地再開発事業　　109

確認問題　第 5 章

問　題

No.15　原則型の権利変換に関する記述で、誤っているものは次のうち
　　　どれか。

　1．施行地区内の土地は、権利変換期日において、権利変換計画の定
　　　めるところに従い、新たに所有者となるべき者に帰属する。

　2．権利変換期日においては、従前の土地を目的とする権利のうち所
　　　有権以外の権利は、担保権等を除き消滅する。

　3．施行地区内の土地に権原に基づき建築物を所有する者の当該建築
　　　物は、特定の場合を除き、権利変換期日において施行者に帰属す
　　　る。

　4．施行地区内の建築物について借家権を有する者は、借家権の取得
　　　を希望しない旨の申出をした場合を除き、権利変換計画に従って、
　　　施設建築物の一部について借家権を取得する。

　5．施行地区内の土地について工作物の所有を目的とする賃借権を有
　　　する者は、権利変換計画に従って、施設建築物の一部等を取得す
　　　る。

解　説

　1．正：都市再開発法第87条第 1 項。

　2．正：都市再開発法第87条第 1 項及び第89条。

　3．正：都市再開発法第87条第 2 項。

　4．正：都市再開発法第88条第 5 項。

　5．誤：都市再開発法第77条第 1 項により、権利変換計画においては、
　　　　権利の変換を希望しない旨の申出をした場合を除き、施行地区内
　　　　に借地権を有する者及び施行地区内の土地に権原に基づき建築物
　　　　を所有する者に対しては、施設建築物の一部等が与えられるよう
　　　　に定めなければならないが、この場合の借地権とは建物の所有を
　　　　目的とする地上権及び賃借権であり、工作物の所有を目的とする
　　　　賃借権は含まれない。

正解　**5**

問題

No.16 表1は、都市再開発法の規定に基づき、同法第111条(地上権非設定型)による権利変換計画を定め行われた組合施行の市街地再開発事業について、手続の順序を示したものである。①〜⑩の空欄に入る最も適切な用語を表2のA〜Tから重複しないようひとつづつ選びなさい。

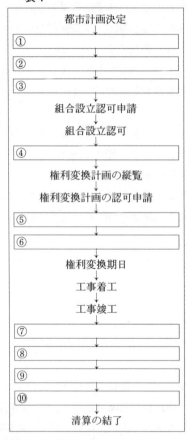

表2

A．都市再開発法第90条の登記
B．都市再開発法第101条の登記
C．組合設立に対する同意
D．権利変換計画の認可
E．管財人の選任
F．工事完了公告
G．施行区域の公告
H．地代概算額の支払
I．決算報告書の知事承認
J．事業計画の縦覧
K．意見書の提出
L．事業計画の認可
M．土地の明け渡し
N．事業の施行についての周知措置
O．損益計算書の知事承認
P．審査会の議決
Q．組合解散の知事認可
R．意見書の処理
S．都市再開発法第91条補償金の支払
T．未登記借地権の申告

解説

①G、②T、③C、④N、⑤D、⑥S、⑦F、⑧B、⑨Q、⑩I

第5章　第一種市街地再開発事業　111

問　題

No.17　権利変換に関する記述で、正しいものは次のうちどれか。

1．すべての施行者は、権利変換計画を定めようとする時は、権利変換計画を2週間公衆の縦覧に供しなければならない。

2．第一種市街地再開発事業の施行者が定める権利変換計画については、施行者が都道府県である場合には、国土交通大臣の認可を受けなければならない。

3．権利変換計画に定められた施行地区内の土地所有者が提出した従前資産評価に関する意見書が採択されなかった場合、その土地所有者は、採択しない旨の通知を受けた日から起算して30日以内に、審査委員又は市街地再開発審査会にその価額の裁決を申請することができる。

4．都市再開発法第110条（全員同意型）により権利変換計画を定める場合に、担保権等の処理に際して、当該担保権等の権利者の同意は不要である。

5．都市再開発法第111条（地上権非設定型）により権利変換計画を定める場合に、従前の借家人に対し、権利床を所有させる権利変換計画を定めることができる。

解　説

1．誤：都市再開発法第83条第1項。個人施行者は不要。

2．正：都市再開発法第72条第1項。なお、市町村にあっては、都道府県知事の認可を受ける。

3．誤：都市再開発法第85条第1項。審査委員又は市街地再開発審査会ではなく、収用委員会に裁決を申請できる。

4．誤：都市再開発法第110条第1項の規定により、関係権利者全ての同意が必要。抵当権者等も含まれる。

5．誤：都市再開発法第111条の規定により、第73条第1項第7号、第8号の適用除外規定はない。

<u>正解　2</u>

112 確認問題

問題

No.18 第一種市街地再開発事業における市街地再開発審査会及び審査委員に関する記述で、正しいものは次のうちどれか。

1. 審査委員の選任について、個人施行の場合は都道府県知事の承認を必要とするが、組合施行の場合や再開発会社施行の場合は都道府県知事の承認を必要とはしない。

2. 地方公共団体施行の場合には、その市街地再開発事業ごとに市街地再開発審査会を置き、委員はその地方公共団体の長が任命する。

3. 権利変換計画及び施設建築物の管理規約の縦覧に係る意見書の採否の決定については、市街地再開発審査会の議決又は審査委員の過半数の同意を得なければならない。

4. 市街地再開発審査会の委員は、施行地区内の土地及び建物の権利関係又は評価について公正な判断が必要なことから、施行地区内に権利を有する者はその委員になることができない。

5. 都市再開発法第110条（全員同意型）の規定により権利変換計画を定める場合は、審査委員全員の同意を得なければならない。

解説

1. 誤：都市再開発法第50条の14により、再開発会社施行の場合は知事承認を必要とする。

2. 正：都市再開発法第57条第1項、第4項。

3. 誤：管理規約の縦覧に係る意見書の採否にはかかわらない。

4. 誤：都市再開発法第57条第4項第2号の規定により、施行地区内に権利を有する者を2号委員として定める。

5. 誤：都市再開発法第84条により、第110条（全員同意型）の規定により権利返還計画を定める場合においても、審査委員の過半数の同意で足りる。

正解　2

第 5 章　第一種市街地再開発事業　　113

問　題

No.19　市街地再開発事業に関する記述で、誤っているものは次のうちどれか。

1. 自己の所有する宅地及び建築物について権利の変換を希望せず金銭給付の申出をした権利者に対して、施行者は当該権利に対応した補償金を、権利返還期日までに支払わなければならない。

2. 都市再開発法第97条の補償（土地の明渡しに伴う損失補償）には宅地の所有権に対する補償は含まれないが、建物等の移転補償などは含まれる。

3. 従前の権利に対応して、権利者（施行者を除く。）が一人で全部を取得することとなる施設建築物であっても、当該権利者をこの施設建築物の特定建築者として選定することはできない。

4. 市町村は、特定建築者となることができない。

5. 組合が特定建築者を決定するときは、都道府県知事の承認を受けなければならない。

解　説

1. 正：都市再開発法第91条第1項。

2. 正：都市再開発法第97条第1項。なお、通損補償費は、権利変換を受けるか転出するかにかかわらず支払われるものである。

3. 正：都市再開発法第99条の2第1項。但し、施行者であれば可能。

4. 誤：都市再開発法第99条の3第1項より、地方公共団体も特定建築者となることができる。なお、特定建築者に関する規定は、公共団体施行、機構施行にも適用される。

5. 正：都市再開発法第99条の3第3項。

正解　4

第6章

第二種市街地再開発事業等

1 管理処分手続等に関する事項……………… 116

2 土地区画整理事業との一体的施行に
関する事項………………………………… 121

3 再開発事業計画の認定に関する事項
（認定再開発事業）………………………… 125

1 管理処分手続等に関する事項

I 手続の概要

　第二種市街地再開発事業は、権利変換方式（第一種市街地再開発事業）では、事業規模に比例して関係権利者の数も多くなり、また、権利調整に要する時間は加速度的に増大するため、ある程度の規模の公共施設等の整備を早急に行う必要がある地域では必ずしも適当ではないこと等から、大規模であってかつ早急に施行することを要する地区について、権利関係を早期かつ個別に処理できる事業方式として昭和50年に設けられました。なお、同種の事業方式は既に市街地改造法で規定されていたことを考えれば、この事業方式が復活したとも言えます。

　第二種市街地再開発事業については、都市計画法第69条の規定が適用され（法第6条）、土地収用法の規定による**収用対象事業**とされており、事業を施行できるのは地方公共団体、機構等の公的主体に限られてきましたが、平成14年の都市再開発法改正により、一定割合以上の地権者の支配する株式会社である再開発会社も施行者として追加されました。

　また、施行者が施行地区内の土地をいったん全面的に取得するものであることから、完成した施設建築物の管理・処分を行うための手続（**管理処分手続**）がとられます。

II 管理処分の手続

(1) 譲受け希望の申出等

　第二種市街地再開発事業においては、施行者は、施行地区内の権利を最終的には収用権の発動を背景として買収することになりますが、その際、宅地所有者又は借地権者であって完成した施設建築物の取得を希望する者（又は借家権者であって完成した施設建築物の賃借を希望する者）については、事業計画の決定等の公告のあった日から30日以内に施行者に対して、従前の権

利の対償に代えて建築施設の部分を譲り受けることを希望する旨の申出を行うことができるものとされています（法第118条の2）。また、施行地区内の建築物について借家権を有する者は、同じく30日以内に賃借り希望の申出をすることができるものとされており、この点、地区外転出を希望する者が申出を行う第一種市街地再開発事業とは対照的な構成となっています。

なお、このようにして譲受け希望の申出をした者又は賃借り希望の申出をした者については、上記の申出期間を経過した後においては、施行者の同意を得た場合に限ってその申出の撤回ができるものとされています。

(2) 管理処分計画の作成

管理処分計画とは、第一種市街地再開発事業における権利変換計画とは異なり、主として施設建築物に入居する者に対して与える建築施設の部分を定め、それと関連して入居者に係る資産の額の見積額を記載する計画です。即ち、権利変換計画が従前の資産と新規の資産とについての権利の変換のための計画であるのに対し、管理処分計画は新規の資産の管理と処分のための計画です。したがって、譲受け等を希望しない地区外転出者については、管理処分計画は作成しないこととなります。

管理処分計画の基準は以下のとおりであり、権利変換計画に関する規定が準用され、大部分が同様のものとなっています（法第118条の10）。

(a) **一般的基準**

災害の防止、衛生の向上、居住条件の改善等を図るとともに、関係権利者の利害の衡平を図らなければならない（法第118条の10において準用する法第74条）。

(b) **土地の共有**

一個の施設建築物の敷地（施設建築敷地）は一筆の土地となり、施設建築敷地の共有持分は床面積等を勘案して定められる（法第118条の10において準用する法第75条第1項及び第3項）。

(c) **土地所有者、借地権者及び建物所有者**

譲受け希望をした土地所有者、借地権者及び建物所有者に対しては、建築施設の部分が与えられる。この際、従前の土地・建物の位置、面積、

利用状況とこれに対応して与えられる建築施設の部分の位置、床面積、環境等とを勘案して、関係権利者相互間に不均衡が生じないようにするほか、従前の財産と再開発後の財産との間に著しい差額が生じないようにしなければならない（法第118条の8及び法第118条の10において準用する法第77条第2項前段）。

(d) 借家権者

賃借り希望の申出をした借家権者（転借家権者がいるときは、その転借家権者）は、その家主に対して与えられる施設建築物の一部について借家権が与えられる。なお、従前の家主が地区外転出をした場合においては、施行者が家主に代わって借家人に借家させる（法第118条の8）。

(e) 過小床の処理

従前の土地・建物に関する権利の対償として衛生の向上・居住条件の改善という一般的基準に適合した新たな財産を与えることができない場合には、原則として増床し、増床によって対応し得ない場合（徴収清算金が過大になる等）には、施設建築物に関する権利を与えず、金銭による補償をすることができる（法第118条の10において準用する法第79条）。

(f) 評価の原則

従前の財産の見積額は、算定基準日（事業計画の決定等の公告の日。しかし、当該公告の日から1年を経過した日までに買収又は収用の裁決申請がなされていない宅地等については、算定基準日は当該公告の日から1年を経過した日の翌日に変更される。以下裁決申請等がなされるまで同様の手続きが繰り返される。）近傍類似の土地等の取引価額等を考慮して定めることとする。また、建築施設の部分の価額及び標準家賃の概算額は、事業に要する費用と算定基準日の時価を基にして定める（法第118条の7第2項、第118条の9）。

(g) 公共施設の用に供する土地の帰属

従前の公共施設に代えて設置される新たな公共施設の用に供する土地は、従前の公共施設の用に供する土地の所有者に帰属する。また、新たに設けられる公共施設の用に供する土地は、当該公共施設を管理すべき者に帰属する（法第118条の10において準用する法第82条）。

> 《管理処分計画において定めるべき事項》（法第118条の7第1項）
>
> ① 配置設計（1号）
>
> ② 譲受け希望の申出をした者の氏名等、その者の有する資産の見積額、事業後に譲り受けることとなる建築施設の部分の明細及びその価額の概算額（2～3号）
>
> ③ 賃借り希望の申出をした者の氏名等、その者が賃借りすることとなる施設建築物の一部（4～5号）
>
> ④ 施行者が家主となる場合の借家条件の概要（6号）
>
> ⑤ 特定事業参加者の氏名等、その者が譲り受けることとなる建築施設の部分の明細（7号）
>
> ⑥ 保留床の管理処分方法等（8号）
>
> ⑦ 新たな公共施設の用に供する土地の帰属に関する事項（9号）
>
> ⑧ 従前資産と与えられる資産の評価の基準日、工事完了の予定時期（10号）等

(3) 管理処分計画の認可等

施行者は、権利変換計画の場合と同様に、審査委員の同意又は市街地再開発審査会の議決、管理処分計画案の二週間の縦覧手続を経た上で、国土交通大臣又は都道府県知事の認可を受けることが必要です（法第118条の6並びに法第118条の10において準用する第83条及び第84条）。

(4) 用地の取得等

用地の取得は、管理処分計画の認可の公告の日以後において、任意買収又は収用によって行われます。実際のところは、収用に至らず任意買収でなされる場合が多いようです。譲受け希望の申出をした者については、用地の取得時に補償金は支払われず、代わりに施設建築物の一部が与えられるという権利（**譲受け権**）が生じ、施設建築物完成後にその一部を取得することができます。

(5) 施設建築物の工事

　用地の買収が済み、土地の明渡しが終了したら施設建築物の建築工事に着手することができます。この場合、第一種市街地再開発事業と同様に、施行者以外の者に施設建築物の建築を行わせることも可能です（法第118条の28）。

(6) 建築工事の完了の公告等

　市街地再開発事業の施行者は、第一種市街地再開発事業と同様に、施設建築物の工事を完了したときには速やかにその旨の公告を行わなければならないこととされています。この完了公告の日の翌日に譲受け希望者は建築施設の部分を、賃借り予定者は施設建築物の一部についての借家権を取得します。また、施行者は、遅滞なく、施設建築敷地及び施設建築物に関する登記をしなければならないものとされています（法第118条の17、第118条の21）。

(7) その他の手続

　以下、第一種市街地再開発事業と同様に、建築施設の部分等の価額等の確定、清算、借家条件の協議・裁定、保留床の処分の手続がなされます。

Ⅲ　管理処分手続の特則

　第一種市街地再開発事業においては、関係権利者の全員の同意がある場合には権利変換手続の特則が認められていることは前述のとおりです。第二種市街地再開発事業においても、同様に、類似の特則が設けられているところですが、収用適格事業であり、かつ、譲受け希望の申出をした者、賃借り希望の申出をした者及び特定事業参加者のみが管理処分計画の対象であるとの点を踏まえ、第一種市街地再開発事業の場合とは異なり、この特則によって適用が排除される規定は施設建築敷地又は施設建築物に関する権利の内容に関するものに限られ、また、同意をする者の範囲は、譲受け希望の申出をした者、賃借り希望の申出をした者及び特定事業参加者に限られます（法第118条の25の3）。

2 土地区画整理事業との一体的施行に関する事項

Ⅰ 合併施行

⑴ 合併施行の概要

いわゆる「**合併施行（同時施行）**」とは、土地区画整理事業が施行されるのを機に一部の地権者の気運が高まり、土地区画整理事業の施行区域内において市街地再開発事業を行うことをいいます。この場合、土地区画整理事業の**換地処分**まで市街地再開発事業の実施を待っているのでは時間がかかりすぎるため、**仮換地指定**が行われた段階で市街地再開発事業が実施されることが殆どです。

⑵ 合併施行での問題点

土地区画整理事業で仮換地指定が行われた場合においては、従前の宅地の**使用収益権**はなくなり、仮換地上で使用収益を行うことができることとなります（土地区画整理法第99条）。しかし、登記簿上の宅地に関する権利は仮換地上に移行しておらず、従前の宅地が仮換地に換地処分される法的担保がないことになります。また、仮換地の使用収益権を対象に権利変換すると、市街地再開発事業の施行地区内に転入してくる者は、仮換地に対応する従前の宅地と権利変換された施設建築敷地等に権利を有する二重登記の状態となる一方、施行地区外に転出していく者は無権利の状態となるなど、権利関係が不安定になる可能性があります。

さらに、敷地の一筆化が困難なこと、権利変換の対象者をどうするのかといった問題等もあり、複雑かつ不安定な権利関係の中で事業を進めることとなることから、これまで合併施行による市街地再開発事業はすべて全員同意型の権利変換となっていました。このため、平成11年に土地区画整理法及び都市再開発法の改正が行われ、両事業の**一体的施行**に関する規定が整備されました。

Ⅱ　一体的施行

(1)　土地区画整理法における規定

(イ)　市街地再開発事業区の設定

事業計画において、市街地再開発事業の施行区域内の全部又は一部について「**市街地再開発事業区**」を定めることができます（区画整理法第 6 条）。

(ロ)　再開発事業区への換地の申出

地権者は、市街地再開発事業区を定めた事業計画の公告等があった日から60日以内に市街地再開発事業区内への換地の申出をすることができます。

また、当該申出をするに当たって、当該宅地又は当該宅地に存する建築物等を使用又は収益することができる権利を有する者があるときは、これらの者の同意を得る必要があります（元々事業区内の宅地の所有者はこれらの者の同意は不要。）。

当該申出に係る宅地の全部についての換地の地積が再開発事業区の面積を超える場合は、施行者は、当該申出に係る宅地のうちの一部を指定し、他の宅地について申出に応じない旨を決定しなければなりません（区画整理法第85条の 3 ）。

(ハ)　換地計画の作成及び認可

通常の換地計画には清算金も同時に定めることになっていますが、施行地内の全てで工事等が完了しないと清算金も決定できないことから、一体的施行の場合には適当とは言えません。このため、清算金の決定に先立って換地計画を定めることができることとしています（区画整理法第87条）。

市街地再開発事業区への換地の申出が指定された宅地については、換地計画において換地を市街地再開発事業区内に定めなければなりません（区画整理法第89条の 3 ）。

なお、換地計画に係る区域に市街地再開発事業の施行地区が含まれている場合は、都道府県知事は当該市街地再開発事業に支障を及ぼさないと認めるときでなければ認可をしてはなりません（区画整理法第86条）。

(2) 都市再開発法における規定

(イ) 特定仮換地

土地区画整理法の規定により仮換地として指定された土地のうち、換地計画に基づき換地となるべき土地に指定されたもの（都市再開発法では「**特定仮換地**」といいます。）を含む土地の区域においては、特定仮換地に対応する従前の宅地に関する権利を施行地区又は施行地区となるべき土地に関する権利とみなし、これを、あたかも施行地区又は施行地区となるべき区域内の当該特定仮換地に係る土地の権利であるものとして市街地再開発事業を施行することとしています。

ただし、土地区画整理事業では公共施設が整備されるとともに敷地が整形化されること等から土地の価値が増進し通常従前の価額に比べて従後の価額が上昇する一方、市街地再開発事業では従前の資産と従後の資産は原則等価に変換されるものであるため、一体的施行の場合の市街地再開発事業における従前の資産の価額の評価に当たっては、土地区画整理事業の効果を加味して、従前の権利の価額等を特定仮換地に対応する従前の宅地等の価格とするのではなく従前の権利が特定仮換地上に存するものとみなすこととしています（法第118条の31）。

なお、「建築物」は、仮換地指定後、土地区画整理事業の施行者によって、移転除却され（建前としては）施行地区内に移転しているという原則論に立脚して、読替え規定が措置されています。

(ロ) 施設建築敷地に関する規定

原則型の第一種市街地再開発事業においては、一個の施設建築物の敷地は一筆となるものとして権利変換計画に定められ、権利変換期日をもって一筆化することとなっていますが（法第75条第1項）、特定仮換地が含まれている場合には当該特定仮換地に対応する従前の宅地に関する実際の所有権等は、換地処分までは特定仮換地上に移転しないため、権利変換期日が来ても敷地の一筆化は不可能です。このため、合併施行の場合は、当該敷地の一筆化に関する規定は適用しないこととしています。

ただし、権利変換計画において従前の各個の土地に関する所有権及び地上

権の共有持分の割合が土地ごとに等しくなるように定めることとして、換地処分後に容易に敷地を一筆化できるように措置しています（法第118条の31第1項）。

　また、特定仮換地を含む場合の権利変換の登記については、前述のように通常の市街地再開発事業のように権利変換により敷地を一筆化することができないため、また、土地区画整理事業との関係では、換地処分前に登記簿が閉鎖され、従前の権利を示す登記簿が存在しなくなると、換地処分に支障を来すことから、<u>従前の土地の表示の登記の抹消及び新たな土地の表示の登記を行うことを義務付けないこととしています。</u>

　即ち、法第90条に規定する権利変換の登記においては、特定仮換地以外（土地区画整理事業の施行地区外）の土地については、一筆化する場合には、通常の市街地再開発事業の場合と同様に、従前の土地の表示の登記の抹消及び新たな土地の表示の登記を行うこととし、一筆化しない場合には、権利変換手続開始の登記の抹消を行うものとされています。また、特定仮換地に対応する従前の宅地については、権利変換開始の登記の抹消を行うこととしています（同条第2項）。

　これは、全員同意型の権利変換の場合の90条登記（法第111条で読み替えられた法第90条第1項）と同じ登記手法です。なお、一体的施行のために都市再開発法による不動産登記に関する政令についても、若干の形式的な改正を行っていますので、登記原因の記載等の際には留意を要します。

（参考）一体的施行に関する特則（施行令第46条の15）の読替えパターン

「宅地」⇒「宅地（特定仮換地である宅地を除き、施行地区内の特定仮換地に対応する従前の宅地を含む。）」

「施設建築敷地」⇒「施設建築敷地（特定仮換地である施設建築敷地を除き、施設建築敷地となるべき特定仮換地に対応する従前の宅地を含む。）」

「建築物」⇒「建築物（施行地区内の特定仮換地からの移転建築物を除き、施行地区内の特定仮換地への移転建築物を含む。）」

第6章　第二種市街地再開発事業等　125

③ 再開発事業計画の認定に関する事項（認定再開発事業）

(1) 認定再開発事業の概要

　これまでみてきた事業は、「法定事業」と称され、一定の強制力を有する事業手法として、事業要件等は比較的厳しく、また、事業の進捗に応じて様々な法手続が必要とされています。一方、「法定事業」以外の民間の再開発事業においては、このような手続をとる必要はなく、事業を機動的に行うことが可能です。市街地の計画的な再開発を促進するためには、このような民間主導の再開発事業についても積極的に推進することが重要であることから、都市再開発法においても、平成10年改正において、再開発事業の認定制度（認定再開発事業）が創設され、税制等の支援措置が講じられています。

　なお、認定再開発事業の税制、予算等の支援措置については、それぞれ、認定再開発事業の認定要件とは異なる適用要件が定められており、注意が必要です（第7章 **⑤** Ⅲ参照）。また、軽減税率や買換特例など、認定を受けていなくても一般的に適用が受けられる特例もあるほか、個人施行として市街地再開発事業を行うことも可能な場合がありますので、支援措置の内容及びその適用要件を慎重に見極めることが重要です。

(2) 再開発事業計画の認定手続

　一定の要件を満たす市街地の土地の合理的かつ健全な高度利用と都市機能の更新に資する再開発事業を実施しようとする者は、再開発事業計画につき都道府県知事の認定を申請することができます。

　その際には、当該事業の事業区域内の宅地又は建築物について権利を有する者全員の同意を得ること、当該再開発事業に関係がある公共施設の管理者又は管理することとなる者等と協議しなければなりません。

　なお、事業区域内の宅地又は建築物について権利を有する者のうち、宅地の所有者及び借地権者並びに建築物の所有者及び借家権者以外の者で確知することができない場合はその理由を記載した書面を添えて認定を申請することができることとされています（法第129条の2）。

126 **3** 再開発事業計画の認定に関する事項（認定再開発事業）

(3) 再開発事業計画の認定基準

　都道府県知事は、再開発事業計画の申請があった場合において、次に掲げる事業区域（従前）要件及び建築物等（従後）要件のどちらにも該当すると認めるときは再開発事業計画を認定することができます（法第129条の３）。

　《事業区域（従前）要件》

①当該再開発事業の区域が二号地区又は二項地区内にあること。

②当該再開発事業区域内にある耐用年限が３分の２を経過していない等の耐火建築物の建築面積又は敷地面積の合計が、当該再開発事業区域内にある全ての建築物の建築面積又は宅地の面積の合計の概ね２分の１以下であること。

③当該再開発事業区域内に十分な公共施設がないこと、土地の利用が細分されていること等により、当該区域内の土地の利用状況が著しく不健全であること。

　事業区域要件は、第一種市街地再開発事業の施行区域要件と同様の考え方に立つものですが、民間主導の再開発の機動的な実施を支援するため、高度利用地区等の都市計画との整合を緩めて二号地区、二項地区内とされるほか、耐火建築物要件についても第一種市街地再開発事業（３分の１以下）に比べて緩和されています。

《建築物等（従後）要件》

①建築物及び建築敷地の整備並びに公共施設の整備に関する計画が、二号地区又は二項地区の整備又は開発の計画の概要に即したものであること。

②3階以上の耐火建築物であること。

③建築面積が200㎡規模以上であること。

④容積率が、容積率の基準割合の3分の1以上であること。

⑤建ぺい率が、建ぺい率制限の数値からさらに1割以上少ないこと。
　（建ぺい率制限のない区域である場合にあっては、指定建ぺい率9割以下。）

⑥当該再開発事業において整備される公共施設が当該再開発事業区域の良好な都市環境を形成するよう必要な位置に適切に配置されていること。

　建築物等要件についても、概ね第一種市街地再開発事業による建築物に相当するものが整備されることとされていますが、認定再開発事業では事業区域を高度利用地区等の都市計画の決定がされた区域に限っていないことから、再開発事業計画の内容が都市計画に適合していることに加え、建築面積、容積率、建ぺい率等の要件を個別に設定しています。

　認定再開発事業は、1人建て替えも含まれ、比較的小規模な敷地面積でも事業が行えること、非耐火建築物とみなされる建築物の要件の一つが指定容積率の3分の1未満であるので容積率を殆ど増さない事業も可能なこと、さらに公共施設整備についても定量的な基準がないこと等を踏まえれば、再開発事業と言うものの、むしろ、従前の建築物に比べて優良な建築物に建て替えるついでに公共施設も整備するような事業とも考えられます。

128　確認問題

確認問題　第6章

問　題

No.20　土地区画整理事業と市街地再開発事業の一体的施行に関する事業の手続として、適正な順序を示すものは次のうちどれか。

（前提条件）既に土地区画整理事業が施行されている中で、市街地再開発事業が施行される手続を示す。

土地区画整理事業の手続
　　　A：市街地再開発事業区の設定及び換地の申出等
　　　B：換地計画の作成及び仮換地指定
　　　C：換地処分

市街地再開発事業の手続
　　　ア：市街地再開発事業の都市計画決定
　　　イ：市街地再開発事業の事業計画認可
　　　ウ：市街地再開発事業の権利変換計画認可
　　　エ：権利変換登記（90条登記）

1．ア→A→イ→B→ウ→C→エ
2．A→ア→B→イ→ウ→C→エ
3．A→ア→イ→B→ウ→C→エ
4．ア→A→B→イ→ウ→エ→C
5．ア→イ→A→B→ウ→エ→C

解　説

　　土地区画整理事業の手続はA→B→C、市街地再開発事業の手続はア→イ→ウ→エである。土地区画整理法第6条第4項より、市街地再開発事業区の設定には、市街地再開発事業の都市計画決定が必要であるため、ア→Aである。また都市再開発法第118条の31第1項より、特定仮換地が行われた後に、関係管理者が確定し、事業計画認可手続ができるのでB→イである。なお、一般的に換地処分は施設建築敷地の権利形態が都市再開発法第90条登記により確定した後行われるのでエ→Cである。

正解　4

第7章

市街地再開発事業に関する税制

1 土地・建物に係る税制について……………130

2 市街地再開発事業関連税制の概要………136

3 第一種市街地再開発事業に係る特例……138

4 第二種市街地再開発事業に係る特例……153

5 民間の再開発事業に係る特例……………160

6 市街地再開発事業と消費税………………167

1 土地・建物に係る税制について

　市街地再開発事業に係る税制上の特例について理解する前提として、不動産関係の税制の枠組みを理解する必要があります。

　土地、建物等に関する税は、これらの資産の取得、所有及び譲渡の各段階に課税されます。それぞれ、主なものについて次のとおり分類することができます。

(1) 土地・建物の取得に係る税制

〈登録免許税〉

　登録免許税は国税（登録免許税法）で、土地・家屋の所有権の移転、抵当権の設定・移転等の登記といった不動産の登記等に対し、登記時の価格を課税標準として課される税です。

〈不動産取得税〉

　不動産取得税は都道府県税（地方税法）で、売買・贈与等による不動産の所有に対し、取得時の価格を課税標準として課される税です。

〈取得に係る特別土地保有税〉

　取得に係る特別土地保有税は市町村税（地方税法）で、一定面積以上の土地に対し、土地の取得価格を課税標準として課される税です。平成15年以降、当分の間、課税停止されています。

〈相続税〉

　相続税は国税（相続税法）で、相続又は遺贈により取得した財産に対し、取得時の価格を課税標準として課される税です。

(2) 土地・建物の保有に係る税制

〈固定資産税及び都市計画税〉

　固定資産税及び都市計画税ともに市町村税（地方税）で、固定資産税は土地・家屋等に対し、固定資産の価格を課税標準として課される税で、都市計画税は市街化区域等に所在する土地、家屋に対し、固定資産の価格を課税標

第7章　市街地再開発事業に関する税制　　131

準として課される税です。

(3)　土地・建物の譲渡に係る税制

〈譲渡所得課税〉

　譲渡取得への課税は、国税である所得税と地方税の住民税（都道府県税、市町村税）で、不動産の譲渡益に対して課される税です。

　優良住宅地造成等のために土地等を譲渡した場合における長期譲渡所得に対する軽減税率等の特例や特別控除があります。

(i)　原　則

　譲渡所得の金額は、次のように計算します。

　収入金額−（取得費＋譲渡費用）−特別控除額＝課税譲渡所得金額

　①　収入金額

　収入金額は、通常土地や建物を売ったことによって買主から受け取る金銭の額です。

　しかし、土地建物を現物出資して株式を受け取った場合のように、金銭以外の物や権利で受け取った場合にはその物や権利の時価が収入金額となります。

　②　特別控除

土地収用法等に基づく収用等の場合	5,000万円控除
居住用財産を譲渡した場合（個人のみ）	3,000万円控除
国、地方公共団体等による特定土地区画整理事業等のために土地等を譲渡した場合	2,000万円控除
地方公共団体、公社等による住宅地造成事業等のために土地等を譲渡した場合、又は特定民間宅地造成事業等のために土地等を譲渡した場合	1,500万円控除
農地保有合理化等のために農地等を譲渡した場合	800万円控除

132　**1**　土地・建物に係る税制について

　土地や建物の譲渡による所得に係る税は、原則として次のように計算されます。

所有期間／税目		5　年　以　内 （短　期）	5　年　超 （長　期）
個人	譲渡所得	・課税長期譲渡所得金額の30%（＋住民税9%）	・課税長期譲渡所得金額の15%分離課税 （＋住民税5%）
	事業所得又は雑所得	・次の①と②のいずれか多い額（※1） ①課税長期譲渡所得金額の40%（＋住民税12%） ②総合課税による上積税額（※2）×110%	・通常の総合課税
法　人　税		・通常の法人税に加え、10%の税率で課税（※1）	・通常の法人税に加え、5%の税率で課税（※1）

（※1）平成10年1月1日〜令和8年3月31日の間に長期・短期所有土地等を譲渡した場合、重課措置は適用しない。
（※2）「上積税額」とは、土地譲渡に係る所得と他の所得との合計額に通常の累進税率を適用して算出した税額から他の所得のみに通常の累進税率を適用して算出した税額を控除して求められる差額をいう。

(ii)　**優良住宅地造成等のために土地等を譲渡した場合における長期譲渡所得に対する軽減税率等の特例**

　上表の5年超（長期）の土地の譲渡（令和7年12月31日までの譲渡）のうち、優良住宅地造成等のための譲渡について、

	原　　則	→	軽減税率等
個人の場合	・課税譲渡所得 　一律15%分離課税 　（＋住民税　5%）	→	・課税譲渡所得2,000万円以下の部分 　10%分離課税（＋住民税　4%） ・課税譲渡所得2,000万円超の部分 　15%分離課税（＋住民税　5%）

（対象となる譲渡で主なもの）
　・一定の優良な建築物の建築事業（施行地区面積500㎡以上、建築面積150㎡以上）を行う者に対する譲渡
　・開発許可を受けて住宅建設の用に供される1,000㎡以上（三大都市圏の市街化区域においては500㎡以上）の宅地造成事業を行う者に対する譲渡
　・開発許可を要しない場合において、優良宅地認定を受けて住宅建設の用に供され

る1,000㎡以上（三大都市圏の市街化区域においては500㎡以上）の宅地造成事業
を行う者に対する譲渡
・優良住宅認定を受けて、25戸以上の一団の住宅建設事業又は15戸以上若しくは床
面積1,000㎡以上のマンション建設事業を行う者に対する土地の譲渡

（注）軽減税率と特別控除及び特定の事業用資産の買換え特例等との重複適用不可

(iii) 特別控除

土地収用法等に基づく収用等の場合	5,000万円控除
居住用財産を譲渡した場合（個人のみ）	3,000万円控除
国、地方公共団体等による特定土地区画整理事業等のために土地等を譲渡した場合	2,000万円控除
地方公共団体、公社等による住宅地造成事業等のために土地等を譲渡した場合、又は特定民間宅地造成事業等のために土地等を譲渡した場合	1,500万円控除
農地保有合理化等のために農地等を譲渡した場合	800万円控除

134　**1**　土地・建物に係る税制について

《市街地再開発事業に係る課税の特例》
―第一種市街地再開発事業の例―

―― 保留床取得者 ――

【所得税・法人税】
・既成市街地等内の資産から施設建築物へ買換えを行った場合の譲渡所得の繰り延べ

【固定資産税】
・高度利用地区適合建築物の不均一課税

―― 地区外転出者 ――

①権利変換期日前の先行買収により転出する場合
　【所得税・法人税】
　・都計法第56条第1項により土地等が買い取られる場合の5000万円特別控除等
　・施行区域内等の土地等が地方公共団体等に買い取られた場合の2000万円特別控除
　・再開発法第7条の6により市街地再開発促進区域内の土地等が買い取られる場合の1500万円特別控除
　・施行者に土地等を譲渡した場合の長期譲渡所得の課税の特例

②地区外転出の申出をした場合に係る特例
　【所得税・法人税】
　・再開発法第91条又は第97条により補償金を取得する場合の5000万円特別控除等
　【不動産取得税】
　・過小床不交付又はやむを得ない事情による転出の場合の代替不動産の取得についての課税の特例

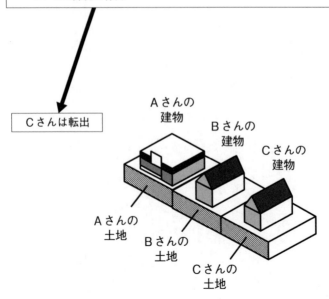

第 7 章 市街地再開発事業に関する税制　135

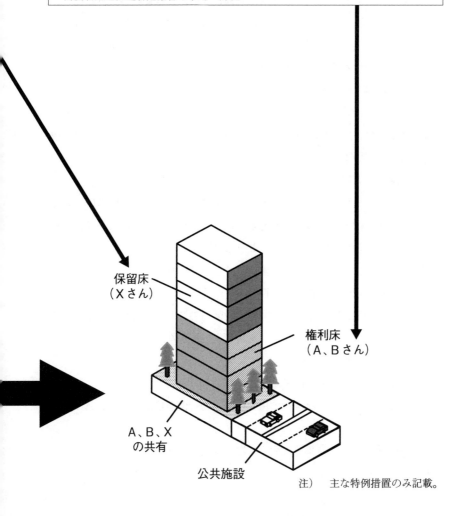

【所得税・法人税】
・従前資産の譲渡がなかったものとみなす譲渡所得の課税の特例
・従前資産と権利床の差額として清算金を交付された場合の5000万円特別控除　等
・再開発法第97条により補償金を取得する場合の5000万円特別控除　等

【不動産取得税】
・権利変換による権利床等の取得に係る課税標準算定の特例

【固定資産税】
・権利床に係る固定資産税の一定期間減額措置
・高度利用地区適合建築物の不均一課税

保留床
(Xさん)

権利床
(A、Bさん)

A、B、X
の共有

公共施設

注)　主な特例措置のみ記載。

2 市街地再開発事業関連税制の概要

　市街地再開発事業に関する税制については、権利変換方式をとる第一種市街地再開発事業と管理処分方式をとる第二種市街地再開発事業において若干異なるものの、以下の5つの類型で整理することができます。

Ⅰ　権利変換期日前の先行買収による転出者に係る特例

　　事業を円滑に進めるため、権利変換期日以前に先行買収により転出する者について、税制上の特例が認められています。また、権利変換手続又は管理処分手続により権利を失う者等についての補償金に係る所得や代替資産の取得に関する特例が措置されています。

Ⅱ　権利床取得者に係るもの

　　権利変換又は管理処分により権利床を取得する者について、権利変換又は管理処分の特殊性に鑑み、従前資産の譲渡がなかったものとみなす措置等がなされています。

Ⅲ　保留床取得者に係る特例

　　市街地再開発事業の事業費の多くは、事業により発生した保留床の処分による収入で捻出しており、保留床の処分が円滑に行われることは、円滑な事業の施行のため非常に重要となりますが、このような保留床の処分を促進するため、税制上の支援措置が設けられています。

Ⅳ　代替地提供者に係る特例（二種のみ）

　　第二種市街地再開発事業において、地区内の権利者に代替地を確保するため、代替地を譲渡する者に対する税制上の特例を措置しています。

Ⅴ　施行者に係る特例

　　施行者の主体としての性格に基づく特例（市街地再開発組合に係る特例）及び事業の施行に必要な事務に係る税制上の特例が措置されています。

　以下 **3** **4** では、この類型に従って第1種及び第2種市街地再開発事業に関する特例を説明します。

第 7 章　市街地再開発事業に関する税制　　137

　検索の便宜のため、各特例にＡ〜Ｐまで記号を、また一種だけでなく二種
事業にも同様に適用されるものについては'をつけてあります。

特例の対象者	**3** 第一種再開発事業	**4** 第二種再開発事業
Ⅰ　地区外転出者	A，B，C，D，E，F，G	A'，D'，F'，Q，R
Ⅱ　権利床取得者	H，I，F-2，J，K，L，M	H'，I'，F-2'，J'，K'，L'
Ⅲ　保留床取得者	N，L-2	N'，L-2'
Ⅳ　代替地提供者	———	S
Ⅴ　施行者	O，P	O'

　また、**5** では法定再開発事業以外の民間が行う再開発事業に対する支援

Ⅰ　特定民間再開発事業

Ⅱ　特定の民間再開発事業

Ⅲ　認定再開発事業

について説明します。

　最後に、**6** では、再開発事業に係る消費税の取扱いについて説明します。

　なお、枠中の表記は以下のとおりとします。

措　：租税特別措置法

措令：租税特別措置法施行令

所　：所得税法

法　：法人税法

登　：登録免許税法

印　：印紙税法

地　：地方税法

地附：地方税法附則

再　：都市再開発法

3 第一種市街地再開発事業に係る特例

I 地区外転出者に係る特例

A 土地等が都市計画法第56条第1項の規定により買い取られる場合の土地等の譲渡所得に係る特例
〔5,000万円特別控除若しくは代替資産を取得した場合の課税の特例又は2,000万円特別控除の適用：所得税、法人税〕（措33，33の4，34，64，65の2，65の3）

---

(1) 特例の概要

　都市計画に定められた市街地再開発事業の施行区域内においては、土地の所有者から、都市計画法第55条第1項の規定により建築物の建築の許可がされないときはその土地の利用に著しい障害が生ずることを理由として、当該土地を買い取るべき旨の申し出が都道府県知事（市街地再開発事業を施行しようとする者が申出に基づき申出の相手方として定められた場合は、その者。以下この項目において「都道府県知事等」という。）にあった場合、特別の事情がない限り、都道府県知事等が当該土地を時価で買い取るものとされています（都市計画法第56条）。

　この制度により土地等を都道府県知事等に譲渡する場合、当該土地等の譲渡所得については、5,000万円特別控除又は代替資産を取得した場合の課税の特例の適用を受けることができます。

　ただし、申出の相手方として事業計画に先立って設立された市街地再開発組合が定められており、当該組合が土地等を買い取る場合については、前述の特例は適用されず、2,000万円特別控除のみが適用されます。

(2) 特例の適用に必要な書類

　上記の5,000万円特別控除又は代替資産を取得した場合の課税の特例の適

用を受けるためには、確定申告書に、特例に係る租税特別措置法の規定の適用を受けようとする旨の記載があり、かつ、所定の書類を確定申告書に添付することが必要です。

・都道府県知事の譲渡に係る土地等につき都市計画法第55条第1項本文の規定により同法第53条第1項の許可をしなかった旨を証する書類
・その買取りをする者の当該土地等を都市計画法第56条第1項の規定により買取りをした旨を証する書類

なお、2,000万円特別控除の適用を受ける場合には、次の書類を確定申告書に添付することが必要です。

・都道府県知事の譲渡に係る土地等につき都市計画法第55条第1項本文の規定により同法第53条第1項の許可をしなかった旨を証する書類
・その買取りをする者の当該土地等を都市計画法第56条第1項の規定により買い取った旨を証する書類

(3) 特例の適用に係る留意事項

本特例の対象となるのは「土地等」（土地及び土地の上に存する権利をいいます。）の譲渡所得であり、建物の譲渡所得は特例の対象となりません。

B 施行区域内又は2号地区内若しくは2項地区内の土地等が第一種市街地再開発事業の用に供するため地方公共団体等に買い取られた場合の土地等の譲渡所得に係る特例
〔2,000万円特別控除：所得税・法人税〕（措34②，65の3）

---

(1) 特例の概要

地方公共団体、独立行政法人都市再生機構又は地方住宅供給公社が第一種市街地再開発事業として行う公共施設の整備改善、建築物及び建築敷地の整備等に関する事業の用に供するため、土地等が国、地方公共団体（地方公共団体が財産を提供して設立した一定の団体を含む。）、独立行政法人都市再生機構又は地方住宅供給公社に買い取られる場合、当該土地等の譲渡所得については、2,000万円特別控除の適用を受けることができます。

140   **3** 第一種市街地再開発事業に係る特例

(2) 特例の適用に必要な書類

　特例の適用を受けるためには、特例の適用を受けようとする年分の確定申告書に、特例に係る租税特別措置法の規定の適用を受けようとする旨の記載があり、かつ、次に掲げる書類を確定申告書に添付することが必要です。

・事業の施行者の当該土地等を買い取ったことを証する書類（施行者でないものが施行者に代わり買取りをする場合には、当該事業の施行者の当該証する書類で当該買取りをする者の名称及び所在地の記載があるもの）

・国土交通大臣の当該土地等が第一種市街地再開発事業の施行区域内又は2号地区内若しくは2項地区内の土地等であり、かつ、当該土地等が当該事業の施行者により当該事業の用に供されることが確実であると認められる旨を証する書類

(3) 特例の適用に係る留意事項

　本特例の対象となるのは「土地等」（土地及び土地の上に存する権利をいいます。）の譲渡所得であり、建物の譲渡所得は特例の対象となりません。

　また、居住用財産を譲渡した場合の3,000万円特別控除の規定の適用を受ける部分のある土地等については、当該特例の適用はできません。その土地等の全部又は一部について相続等により取得した居住用資産の買換の場合の長期譲渡所得の課税の特例、特定の事業用資産の買換えの場合の譲渡所得の課税の特例等の適用を受ける場合も当該特例の適用はできません。

第 7 章　市街地再開発事業に関する税制　　141

C　市街地再開発促進区域内の土地等が都市再開発法第 7 条の 6 の規定により買い取られた場合の土地等の譲渡所得に係る特例
〔1,500万円特別控除：所得税・法人税〕（措34の 2 ②，65の 4 ）

---

(1)　特例の概要

　都市計画に定められた市街地再開発促進区域内の土地の所有者は、都市再開発法第 7 条の 4 第 1 項の建築の許可がされないときはその土地の利用に著しい支障を来すこととなることを理由として、当該土地を買い取るべき旨の申出が都道府県知事（同法第 7 条の 6 第 2 項の規定により当該申出の対象として指定された者がある場合は、その者。以下この項目において「都道府県知事等」という。）にあった場合、都道府県知事等は、特別の事情がない限り、当該土地を時価で買い取るものとされています。

　この制度により土地等を都道府県知事等に譲渡する場合、当該土地等の譲渡所得については、1,500万円特別控除の特例の適用を受けることができます。

(2)　特例の適用に必要な書類

　特例の適用を受けるためには、特例の適用を受けようとする年分の確定申告書に、特例に係る租税特別措置法の規定の適用を受けようとする旨の記載があり、かつ、都道府県知事の当該土地等を都市再開発法第 7 条の 6 第 3 項の規定により買い取った旨を証する書類を確定申告書に添付することが必要です。

(3)　特例の適用に係る留意事項

　本特例の対象となるのは「土地等」（土地及び土地の上に存する権利をいいます。）の譲渡所得であり、建物の譲渡所得は特例の対象となりません。

D 第一種市街地再開発事業の施行者に土地等を譲渡した場合の長期譲渡所得の課税の特例

〔軽減税率：所得税、重課適用除外：法人税〕（措31の2②，62の3④）

(1) 特例の概要

「優良住宅地造成等のために土地等を譲渡した場合における長期譲渡所得に対する軽減税率等の特例」のうちのひとつです。第一種市街地再開発事業の施行者に対し土地等を令和7年12月31日までに譲渡し、当該譲渡に係る土地等が当該事業の用に供される場合、当該土地等に係る長期譲渡所得の税率が次のとおり軽減されます。

ただし、施行者が再開発会社である場合に、当該会社の株主又は社員が再開発会社に土地等を譲渡する場合は特例の適用がありません。

（所得税）

一般の長期譲渡の税率	軽減税率
一律20% （所得税15%、住民税5%）	2,000万円まで　14% （所得税10%、住民税4%）
	2,000万円超　　20% （所得税15%、住民税5%）

（法人税）

・長期譲渡所得の5%重課の適用除外

(2) 特例の適用に必要な書類

当該特例の適用には、買い取りを行う第一種市街地再開発事業の施行者の当該土地等を当該事業の用に供するために買い取った旨を証する書類を確定申告書に添付することが必要です。

その他、当該特例が適用されるものに以下のものがあります。

①国又は地方公共団体等に対する土地等の譲渡

②独立行政法人都市再生機構、地方住宅供給公社等に対する、宅地又は住宅供給のために必要な土地等の譲渡

③収用交換等による土地等の譲渡

第 7 章　市街地再開発事業に関する税制　143

E　都市再開発法第91条の規定により補償金を取得する場合の特例
〔5,000万円特別控除又は代替資産取得の特例：所得税・法人税〕
（措33①三の二及び六，33の4，64①三の二及び六，65の2）

---

(1)　特例の概要

　施行者は、都市再開発法の規定により権利変換期日において権利を失い、かつ、当該権利に対応して施設建築物の一部等の新たな権利を与えられないものに対し、対価相当の補償金を支払うこととなっています（法第91条）。この補償金に係る所得については、第一種市街地再開発事業が収用対象事業でないことから、一般的に収用等の特例が適用されることはありませんが、以下の場合の補償金については収用等の特例と同様に5,000万円特別控除又は代替資産取得の特例を受けることができます。

　①　過小床不交付に伴う地区外転出に係る補償金
　②　やむを得ない事情により地区外転出の申出をしたと認められる場合の補償金
　③　都市再開発法の権利変換で新たな権利に変換しない権利（工作物に関する権利など、法律の規定上権利変換され得ないもの）に係る補償金

※　やむを得ない事情とは、第一種市街地再開発事業の施行者が、次の各号に掲げる場合のいずれかに該当するものとして審査委員の過半数の同意を得、又は市街地再開発審査会の議決を経て認めた場合です（租税特別措置法施行令第22条第11項、第39条第6項）。
　一　申出人の当該権利変換に係る建築物が地域地区による用途の制限につき建築基準法第三条第二項（既存不適格）の規定の適用を受けるものである場合
　二　申出人が当該権利変換に係る施行地区内において施設建築物の保安上危険であり、又は衛生上有害である事業を営んでいる場合
　三　申出人が前号の施行地区内において施設建築物に居住する者の生活又は施設建築物内における事業に対し著しい支障を与える事業を営んでいる場合
　四　施行地区内において住居を有し若しくは事業を営む申出人又はその者と住居及び生計を一にしている者が老齢又は身体上の障害のため施設建築物において生活し又は事業を営むことが困難となる場合（所得税のみ）

五　前各号に掲げる場合のほか、施設建築物の構造、配置設計、用途構成、環境又は利用状況につき申出人が従前の生活又は事業を継続することを困難又は不適当とする事情がある場合

(2) 特例の適用に必要な書類

①の場合：施行者の①に該当する旨を証する書類

②の場合：施行者の租税特別措置法施行令第22条第11項各号のいずれかに該当する旨を証する書類及び同項に規定する審査委員の同意又は市街地再開発審査会の議決のあったことを証する書類

③の場合：施行者の③に該当する旨を証する書類

F　都市再開発法第97条の規定により土地・建物の明渡しに伴い補償金を取得する場合の特例

〔5,000万円特別控除又は代替資産取得の特例：所得税・法人税〕

（措33③二，33の4，措令22㉒二，措64②二，措65の2，措令39⑱二）

第一種市街地再開発事業の施行に伴い、土地又は物件の引き渡し又は物件の移転を行った場合、土地の占有者及び物件に関し権利を有する者が通常受ける損失を補償しなければならないこととされています（法第97条）。

この場合に支払われる補償金は、次表に示すとおり課税上、対価補償金・収益補償金・経費補償金・移転補償金等の5区分に分類され、このうち対価補償金に該当するものに係る所得は、建物等の収用等による譲渡による所得に該当するものとみなされるため（措33③二，措令22⑳二）、収用等の課税の特例として5,000万円特別控除又は代替資産取得の特例が適用されます。

第7章　市街地再開発事業に関する税制　　145

《補償金の種類と課税上の取扱い》

補償金の種類	交付の目的	課税上の取扱い
①対価補償金	収用等に伴い収用等の目的となった資産の対価として交付を受ける補償金	譲渡所得の金額または山林所得の金額の計算上、収用等の場合の課税の特例の適用がある。
②収益補償金	収用等に伴いその営む事業について減少することとなる収益または生ずることとなる損失の補てんにあてるものとして交付を受ける補償金	その補償金の交付の基因となった事業の態様に応じ、不動産所得の金額、事業所得の金額または雑所得の金額の計算上総収入金額に算入する。 　ただし、収益補償金として交付を受ける補償金を対価補償金として取り扱うことができる場合がある。
③経費補償金	収用等に伴いその営む事業が休廃業等することにより生ずる事業上の費用、又は、収用等となった資産以外の資産について実現した損失の補てんにあてるものとして交付を受ける補償金	イ　休廃業等により生ずる事業上の費用の補てんにあてるものとして交付を受ける補償金は、その交付の基因となった事業の態様に応じ、不動産所得の金額、事業所得の金額または雑所得の金額の計算上総収入金額に参入する。 ロ　収用等による譲渡の目的となった資産以外の資産（たな卸資産を除く。）について実現した損失の補てんにあてるものとして交付を受ける補償金は、山林所得の金額又は譲渡所得の金額の計算上、総収入金額に参入する。ただし、経費補償金として交付を受ける補償金を対価補償金として取り扱うことができる場合がある。
④移転補償金	収用等に伴い資産（たな卸資産を含む。）の移転に要する費用の補填にあてるものとして交付を受ける補償金	補償金をその交付の目的に従って支出した場合には、その支出した額については、所得税法第44条（移転等の支出に充てるための交付金の総収入金額不参入）の規定が適用される。ただし、曳家補償の名義で交付を受ける補償金または移設困難な機械装置の補償金を対価補償金として取り扱うことができる場合がある。また、借家人補償金は、対価補償金とみなして取扱う。
⑤その他対価補償金の実体を有しない補償金	上記①から④までの補償金以外の補償金	その実態に応じ各種所得の金額の計算上、総収入金額に参入する。ただし、所得税法第9条第1項（非課税所得）の規定に該当するものは、非課税となる。

> **G　過小床不交付又はやむを得ない事情による転出の場合の代替不動産の取得についての特例**
> 〔従前資産価格相当分控除：不動産取得税〕（地73の14⑨二）

　地区外転出者が施行者から交付された補償金で代替不動産を取得する場合も、不動産取得税の課税が問題になりますが、地区外転出の原因が過小床不交付又は地方税法施行令で定めるやむを得ない事情による場合、不動産取得税の課税標準の算定においては、従前不動産の価格相当額を取得不動産の価格から控除することができます。

　やむを得ない事情として定められる場合とは、市街地再開発事業の施行者が、施設建築物の構造、配置設計、用途構成、環境又は利用状況等につき、都市再開発法第71条第1項の地区外転出の申出をした者の従前の生活又は事業を継続することを困難又は不適当とする事情があることにより同項の申出がされたと認める場合とされています。

第7章　市街地再開発事業に関する税制　　147

Ⅱ　権利床取得者に係る特例

> **H　権利変換による権利床等の取得に係る譲渡所得の特例〔従前資産の譲渡がなかったものとみなす：所得税・法人税〕（措33の3②，65①四）**

(1)　特例の概要

　第一種市街地再開発事業による権利変換により権利床等を取得したときは、譲渡所得課税の観点においては、従前資産の譲渡がなかったものとみなされます。ただし、権利者が清算金をあわせて取得した場合には、清算金額に対応する部分のみ従前地の譲渡があったものとみなされます。

　従前資産の取得価額及び取得時期については、従前資産のものを原則として引き継ぎます。

　ただし、権利変換により取得した権利床等の価額が従前資産の価額を超え、かつ、その差額に相当する金額を権利変換に際して支出した場合、その支出した金額は当該取得した権利床等の取得価額に加算されます（措33の6①三等。法人税においても同趣旨の措置がされます。）。

(2)　特例の適用に係る留意点

　この特例の適用を受けた権利床等については、一定の特別償却、割増償却等の特例の適用ができなくなります。

148 **3** 第一種市街地再開発事業に係る特例

> **I　従前資産と権利床の差額として清算金を取得した場合の特例**
> 〔5,000万円特別控除又は代替資産取得の特例：所得税・法人税〕
> （措33の3③，33の4，65⑦，65の2）

　第一種市街地再開発事業の工事が完了した後に確定した権利床の価額と従前資産との間に差額が生じた場合は、その差額に相当する金額を徴収又は交付することとなります（法第104条第1項）。

　この金額のうち、交付されるものについては、その金額を取得する権利者に対して、5,000万円特別控除又は代替資産取得の特例が適用されます。

> **F-2　土地・建物の明渡しに伴い、損失補償金を取得する場合の特例**
> 〔5,000万円特別控除又は代替資産取得の特例：所得税・法人税〕
> （措33③二，33の4①，措令22㉒二，措64②二，措令39⑱二，措65の2）

　権利床取得者についても損失補償金にFの特例が適用される場合があります。

> **J　権利変換による権利床等の取得に係る特例**
> 〔従前資産価格相当分控除：不動産取得税〕（地73の14⑧）

　権利変換により権利床等を取得した場合も、不動産取得税の課税が問題になりますが、この場合、不動産取得税の課税標準の算定においては、従前不動産の価格相当額を取得不動産の価格から控除することができます。

第7章　市街地再開発事業に関する税制　　149

K　権利床に係る固定資産税の特例
　〔税額の軽減：固定資産税〕（地附15の8①）

　令和7年3月31日までの間に市街地再開発事業により新築された施設建築物の一部が従前の権利者に与えられた場合においては、従前の家屋に比して固定資産税が大幅に増加することから、この税負担の激変緩和のための軽減措置を講ずることにより、従前権利者の事業後における円滑な生活再建を図る必要があります。

　このため、当該施設建築物の一部に係る建物の固定資産税額については、新築後5年間、住宅床は2/3を、非住宅床は1/3（第一種市街地再開発事業にあっては1/4）を減額する措置がされています。

　なお、当該措置は固定資産税の税額を軽減するものであり、固定資産税の課税標準を軽減するものではないため、都市計画税は軽減の対象になりません。

L　高度利用地区適合建築物に対する不均一課税
　〔固定資産税〕（再138①，地6②）

　高度利用地区内において当該高度利用地区に関する都市計画に適合して建築された一定の耐火建築物に対して課する固定資産税については、地方税法の不均一課税の適用があるものとされています。

　なお、不均一課税の適用にあっては地方税法第3条第1項の規定により課税を行う地方公共団体の条例による必要があります。

M　グループ法人税制の適用者に権利変換による権利変換があった場合
　における課税の繰延べの継続

　市街地再開発事業における権利変換に伴う権利変動があった場合において、引き続き課税の繰り延べが認められるようになります。

Ⅲ　保留床取得者に係る特例

N　既成市街地等内の資産から施設建築物への買換特例〔事業用資産の買換特例：所得税・法人税〕（措37①表二，65の7①表二）

　令和8年12月31日までに、既成市街地等内（※）に土地等、建物又は構築物を有している者で、これらの資産を事業の用に供しているものが、当該資産を譲渡し、当該譲渡の年の12月31日までに同一の既成市街地等内の市街地再開発事業による施設建築物の一部等である土地等、建物、構築物又は機械及び装置を取得し、かつ、これを当該取得の日から一年以内に事業の用に供した場合又は供する見込みであるときは、譲渡資産に係る譲渡所得の80％を繰り延べることができます。

　再開発会社施行の市街地再開発事業において、再開発会社に帰属した保留床については、この特例の対象になりません。

（※）既成市街地等内とは、次の区域のことをいいます。
- 首都圏整備法第2条第3項に規定する既成市街地
- 近畿圏整備法第2条第3項に規定する規制都市区域
- 首都圏、近畿圏及び中部圏の近郊整備地帯等の整備のための国の財政上の特別措置に関する法律施行令別表に掲げる区域（名古屋市の一部）
- 二号地区若しくは二項地区を定めている市又は道府県庁所在の市の区域の都市計画区域で、最近の国勢調査の結果による人口集中地区の区域

第7章　市街地再開発事業に関する税制　　151

L－2　高度利用地区適合建築物に対する不均一課税
〔固定資産税〕（再138①，地6②）

　権利床におけるLの特例と同様の措置がされています。

152 **3** 第一種市街地再開発事業に係る特例

Ⅳ 施行者に係る特例

> **O 市街地再開発事業の施行のため必要な登記に係る特例**
> 〔非課税：登録免許税〕（登5七）

　市街地再開発事業の施行者は、事業の施行のため、権利変換の登記等を行うことが必要になりますが、これら事業の施行のため必要な土地又は建物に係る登記については、登録免許税が非課税となっています。

　ただし、参加組合員又は特定事業参加者の取得する権利に係る登記及び保留床の処分に係る登記については、登録免許税が課税されることとなっています。

> **P 市街地再開発組合に係る税制上の特例**
> （所11別表1，法4①，法7及び別表2，印5二別表2，地72の5①六及び701の34②）

　市街地再開発組合は、その主体の性格から、以下の税制上の特例の対象となっています。

　所　得　税：非課税

　法　人　税：収益事業から生じた所得以外の所得及び清算所得の非課税
　　　　　　　課税所得に係る法人税率の軽減

　印　紙　税：非課税

　事　業　税：収益事業に係る事業の所得又は収入金額以外のものにつき非課税

　事業所税：組合が行う事業のうち収益事業以外の事業に係る事業所床面積及び従業者給与総額につき非課税

第7章　市街地再開発事業に関する税制　153

4 第二種市街地再開発事業に係る特例

Ⅰ　地区外転出者に係る特例

Q　第二種市街地再開発事業の用に供するために土地等が買い取られる場合の課税の特例
〔5,000万円特別控除又は代替資産を取得した場合の課税の特例の適用：所得税、法人税〕（措33, 33の4, 64, 65の2）

　第二種市街地再開発事業においては、都市計画法第69条の適用がありますので、収用適格事業として土地収用法の規定が適用されることとなります。

　このため、第二種市街地再開発事業の用に供するための先行買収により土地を譲渡した場合には、他の都市計画事業等の収用適格事業と同様、5,000万円特別控除又は代替資産取得の特例を受けることができます。

　特例の適用を受けるためには、その適用を受けようとする年分の確定申告書に、租税特別措置法の当該規定の適用を受けようとする旨を記載し、かつ、これらの規定による譲渡所得の金額の計算に関する明細書及び次の書類のいずれかの添付が必要です。

・第二種市街地再開発事業の施行地区内における買取りの場合、買取りをする者の当該第二種市街地再開発事業が都市再開発法第50条の2第1項、第51条第1項又は第58条第1項の規定によりみなされた都市計画法第59条第1項、第2項又は第4項の認可を受けたものである旨を証する書類

・第二種市街地再開発事業に該当することとなる事業における施行の認可以前の買取りの場合、国土交通大臣の当該土地及び資産が当該事業の用に供される土地及び当該土地の上に存する資産である旨並びに当該事業の施行される区域が第二種市街地再開発事業の施行区域要件を満たし、当該事業につき都市計画決定をすることについて国土交通大臣の同意を行うことがなされることが確実であると認められる旨を証する書類

154　**4**　第二種市街地再開発事業に係る特例

A′　土地等が都市計画法第56条第１項の規定により買い取られる場合の
土地等の譲渡所得に係る特例
〔5,000万円特別控除若しくは代替資産を取得した場合の課税の特例：
所得税、法人税〕（措33，33の４，64，65の２）

　第一種市街地再開発事業におけるAの特例と同様の特例が、第二種市街地
再開発事業においても措置されています。

D′　第二種市街地再開発事業の施行者に土地等を譲渡した場合の長期譲
渡所得の課税の特例
〔軽減税率：所得税、重課適用除外：法人税〕（措31の２②，62の３）

　第一種市街地再開発事業におけるDの軽減税率の特例と同様の特例が第二
種市街地再開発事業でも措置されています。

F′　土地・建物の明渡しに伴い、損失補償金を取得する場合の特例
〔5,000万円特別控除又は代替資産取得の特例：所得税・法人税〕
（措33③二，33の４，措令22㉒二，措64②二，65の２，措令39⑱二）

　第二種市街地再開発事業において発生する損失補償金についても、第一種
市街地再開発事業におけるFの特例と同様の特例が適用されることになる場
合があります。

第7章 市街地再開発事業に関する税制 155

> **R 第二種市街地再開発事業の用に供するために土地等が買い取られる場合の代替不動産取得についての特例**
> 〔従前不動産価格相当分控除：不動産取得税〕（地73の14⑦）

　土地若しくは家屋を収用することができる事業の用に供するため不動産を収用されて補償金を受けた者、当該事業の用に供するため不動産を譲渡した者等については、当該収用、譲渡等をした日から二年以内に譲渡した従前の不動産に代わるものと道府県知事が認める不動産を取得した場合においては、当該譲渡した従前の不動産の価格を代替不動産の取得に係る不動産取得税の課税標準から控除することとなっています。

　収用適格事業である第二種市街地再開発事業の用に供するために不動産を譲渡する場合においても、当該特例の適用を受けることができます。

156　**4**　第二種市街地再開発事業に係る特例

Ⅱ　権利床取得者に係る特例

H'　第二種市街地再開発事業の管理処分による権利床等の取得に係る譲渡所得の特例

〔従前資産の譲渡がなかったものとみなす：所得税・法人税〕

（措33の3②，65①四）

　第二種市街地再開発事業の施行に伴い資産が買い取られ、若しくは収用された場合において、その対償として権利床等を取得したときは、譲渡所得課税の観点においては、従前資産の譲渡がなかったものとみなされます。ただし、権利者が清算金をあわせて取得した場合には、清算金額に対応する部分のみ従前地の譲渡があったものとみなされます。

　特例の詳細は、第一種市街地再開発事業における権利変換による権利床等の取得に係る譲渡所得の特例（H）と同様です。

I'　従前資産と権利床の差額として清算金を取得した場合の特例

〔5,000万円特別控除又は代替資産取得の特例：所得税・法人税〕

（措33の3③，33の4，65⑦，65の2）

　第一種市街地再開発事業における場合（I）と同様、第二種市街地再開発事業の工事が完了した後に確定した権利床の価額と従前資産との間に差額が生じた場合は、その差額に相当する金額を徴収又は交付することとなります（法第118条の24第1項）。

　この金額のうち、交付されるものについては、その金額を取得する権利者に対して、5,000万円特別控除又は代替資産取得の特例が適用されます。

F‒2'　土地・建物の明渡しに伴い、損失補償金を取得する場合の特例

〔5,000万円特別控除又は代替資産取得の特例：所得税・法人税〕

（措33③二，33の4，措令22㉒二，措64②二，65の2，措令39⑱二）

第7章　市街地再開発事業に関する税制　157

　第二種市街地再開発事業において発生する損失補償金についても、第一種
市街地再開発事業におけるF─2の特例と同様の特例が適用されることにな
る場合があります。

**J'　管理処分による不動産の取得に係る特例〔従前資産価格相当分控除：
　不動産取得税〕（地73の14⑧）**

　第一種市街地再開発事業におけるJの特例と同様、第二種市街地再開発事
業の管理処分により従前資産に対応して与えられる不動産を取得した場合の
不動産取得税の課税標準の算定においては、従前不動産の価格相当額を取得
不動産の価格から控除することができます。

**K'　権利床に係る固定資産税の特例
　〔税額の軽減：固定資産税〕（地附15の8①）**

　第一種市街地再開発事業の権利床に係るKの特例と同様の特例が、第二種
市街地再開発事業により新築された権利床相当部分についても措置されてい
ます。

**L'　高度利用地区適合建築物に対する不均一課税
　〔固定資産税〕（再138①，地6②）**

　第一種市街地再開発事業における措置（L）と同様の措置がされています。

Ⅲ　保留床取得者に係る特例

N'　既成市街地等内の資産から施設建築物への買換特例〔事業用資産の買換特例：所得税・法人税〕（措37①表二，65の7①表二）

L−2'　高度利用地区適合建築物に対する不均一課税〔固定資産税〕（再138①，地6②）

　いずれも、第一種市街地再開発事業における措置（N、L―2）と同様の措置がされています。

Ⅳ　代替地提供者に係る特例

S　第二種市街地再開発事業の用に供するために土地等が買い取られる場合に施行者が代替地を取得する場合の当該代替地を譲渡する者の課税の特例〔1,500万円特別控除：所得税・法人税〕（措34の2②二，65の4①二）

⑴　特例の概要

　第二種市街地再開発事業の施行者等（一定の要件を満たす代行買収者を含む。）により、収用等の対償に充てるため、土地等が買い取られた場合、当該土地等に係る譲渡所得については、1,500万円特別控除の特例の適用を受けることができます。

　※　代行買収者が買収する場合で特例を受けることができるのは、当該代行買収者が地方公共団体若しくは地方公共団体が財産を提供して設立した団体又は独立行政法人都市再生機構で、施行者等と当該事業につき施行者等に代わって収用等の対償に充てられる土地等を買い取るべき旨の契約を締結した場合に限られます。

第7章　市街地再開発事業に関する税制　　159

(2)　特例の適用に必要な書類

特例の適用を受けるためには、特例の適用を受けようとする年分の確定申告書に、特例に係る租税特別措置法の規定の適用を受けようとする旨の記載があり、かつ、次のいずれかの書類を確定申告書に添付することが必要です。

① 　収用等を行う者によって買取りを行う場合、その買取りをする者の当該土地等を当該収用の対償に充てるため買い取った者である旨を証する書類

② 　代行買収者の場合は、当該代行買収者の、収用等を行う者に代わって当該収用等の対償に充てられる土地等を買い取るべき旨の契約に基づき土地等を当該収用等の対償に充てるため買い取った者である旨を証する書類及び当該契約の契約書の写し

(3)　特例の適用に係る留意事項

本特例の対象となるのは「土地等」（土地及び土地の上に存する権利をいいます。）の譲渡所得であり、建物の譲渡所得は特例の対象となりません。

V　施行者に係る特例

O'　市街地再開発事業の施行のため必要な登記に係る特例
〔非課税：登録免許税〕（登5 ⑦）

市街地再開発事業の施行者は、事業の施行のため、権利変換の登記等を行うことが必要になりますが、これら事業の施行のため必要な土地又は建物に係る登記については、登録免許税が非課税となっています。

ただし、参加組合員又は特定事業参加者の取得する権利に係る登記及び保留床の処分に係る登記については、登録免許税が課税されることとなっています。

5 民間の再開発事業に係る特例

I 特定民間再開発事業

(1) 制度の概要

　特定民間再開発事業とは、租税特別措置法第37条の5第1項に規定される、地上階数四以上の中高層の耐火建築物（以下「中高層耐火建築物」という。）の建築をする一定の事業であって、都道府県知事の認定を受けたものをいいます。

　土地、建物を特定民間再開発事業の用に供するために譲渡した個人が、次の場合に該当した場合には、それぞれ次のような税制上の特例を受けることができます。〔所得税〕（措37の5①表一）

　①　当該特定民間再開発事業により建築される中高層耐火建築物等を取得した場合について、買換特例（課税の繰延べ）が適用されます。

　　（繰延割合：所得税100％）

　②　当該中高層耐火建築物等を取得することが困難な特別の事情により転出した場合について、次の特例措置が適用されます。

　　　譲渡資産がその所有期間が10年以下であっても、居住用財産に係る長期譲渡所得についての軽減税率（特別控除後の譲渡益6,000万円以下の部分については10％、6,000万円超の部分については15％）を適用。

第 7 章　市街地再開発事業に関する税制　　161

(2)　適用対象区域

①　三大都市圏の既成市街地等

②　都市再開発法第 2 条の 3 第 1 項第 2 号に掲げる地区（いわゆる 2 号地区）として定められた地区

③　高度利用地区

④　防災街区整備地区計画又は沿道地区計画の区域

⑤　中心市街地の活性化に関する法律第16条第 1 項の認定中心市街地の区域

⑥　都市再生緊急整備地域

⑦　認定誘導事業計画の区域

⑧　都市の低炭素化の促進に関する法律第12条の集約都市開発事業計画の区域

(3)　特定民間再開発事業の要件

事業の要件は租税特別措置法に定められており、地上階数 4 以上の中高層の耐火建築物の建築を目的とする事業で、次に掲げる要件の全てを満たすものであることにつき、建築主の申請に基づき、都道府県知事が認定したものであることが必要です。

①　(2)の適用対象地域内において施行されるものであること

②　事業の施行される地区（以下「事業地区」という。）の面積が1,000㎡以上（集約都市開発事業の場合は2,000㎡以上）であること

③　事業地区内において都市施設（都市計画施設、地区計画で定めた地区施設、防災街区整備地区計画で定めた地区防災施設若しくは地区施設又は沿道地区計画で定めた沿道地区施設）の用に供される土地又は建築基準法施行令第136条第 1 項に規定する空地が確保されていること

④　事業地区内の土地（借地権の設定がされている土地を除く。）につき所有権を有する者又は当該事業地区内の土地につき借地権を有する者の数が 2 以上であり、かつ、当該中高層耐火建築物の建築後における当該事業地区内の土地に係る所有権又は借地権がこれらの者等により共有されるものであること

(4) 地区外転出に係る特別の事情

(1)②の特別な事情がある場合とは、当該資産を譲渡した者及び建築主の申請に基づき、都道府県知事が、次のいずれかの事情により、当該資産を譲渡した者が中高層耐火建築物を取得して、引き続き居住の用に供することが困難であると認定した場合をいいます。

 イ 当該個人又はその者と同居を常況とする者が老齢であること又は身体上の障害を有すること

 ロ 中高層耐火建築物の用途がもっぱら業務の用に供する目的で設計されたものであること

 ハ 中高層耐火建築物が住宅の用に供されるのに不適当な構造、配置及び利用状況にあると認められるものであること

第7章　市街地再開発事業に関する税制　　163

Ⅱ　特定の民間再開発事業

(1)　制度の概要

　「優良住宅地造成等のために土地等を譲渡した場合における長期譲渡所得に対する軽減税率等の特例」のうちのひとつです。都市再開発法に基づく市街地再開発事業でなくとも、民間事業者が行う中高層の耐火建築物を建築する事業であれば、同様の特例措置を講じ、事業推進を図る目的の税制です。個人が、令和4年12月31日までに、5年超所有の土地等を特定民間再開発事業の用に供するため譲渡した場合について、当該土地等の譲渡所得につき、軽減税率（2,000万円まで所得税10％、住民税4％、2,000万円を超える部分につき所得税15％、住民税5％）が適用されます。〔所得税・法人税・個人住民税〕（措31の2②十二，62の3④十二）

　また、法人については、令和5年3月31日までの間土地譲渡益重課（5％追加課税）制度は適用されません。

(2)　適用対象区域

　Ⅰ特定民間再開発事業(2)の適用対象区域と同じです。

(3)　特定の民間再開発事業の要件

　事業の要件は租税特別措置法に定められており、地上階数4以上の中高層の耐火建築物の建築を目的とする事業で、次に掲げる要件のすべてを満たすものであることにつき、建築主の申請に基づき、都道府県知事が認定したものであることが必要です。

　　①　(2)の適用対象地域内において施行されるものであること
　　②　事業の施行される地区（以下「事業地区」という。）の面積が1,000㎡以上（認定再開発事業である場合は500㎡以上）であること
　　③　事業地区内において都市施設（都市計画施設、地区計画で定めた地区施設、防災街区整備地区計画で定めた地区防災施設若しくは地区施設又は沿道地区計画で定めた沿道地区施設）の用に供される土地又は建築基準法施行令第136条第1項に規定する空地が確保されていること

164　**5**　民間の再開発事業に係る特例

④　事業地区内の土地（借地権の設定がされている土地を除く。）につき
所有権を有する者又は当該事業地区内の土地につき借地権を有する者の
数が2以上であること（特定民間再開発事業に定められている建築後の
共有要件はありません。）

第7章　市街地再開発事業に関する税制　165

《特定民間再開発事業と特定の民間再開発事業の比較》

事業名	特定民間再開発事業	特定の民間再開発事業
税　目	所得税	所得税・法人税・個人住民税
特例の内容	①事業のために土地等を譲渡し、事業により建築された建築物等を取得する場合の買換特例 ②事業のために土地等を譲渡し、特別の事情により地区外に転出する場合 軽減税率（居住用財産）	事業のために長期保有の土地等を譲渡する場合、 ・所得税（個人住民税）の軽減税率 2,000万円以下　10％（4％） 2,000万円超　　15％（5％） ・法人税5％重課の適用除外
適用区域要件	①三大都市圏の既成市街地等 　（首都圏の既成市街地、近畿圏の既成都市区域、中部圏の名古屋市の一部） ②都市再開発法第2条の3第1項第2号の地区 ③高度利用地区 ④防災街区整備地区計画又は沿道地区計画の区域 ⑤認定中心市街地の区域 ⑥都市再生緊急整備地域 ⑦認定誘導事業計画の区域 ⑧集約都市開発事業計画の区域 　（租特令第25条の4③）	①～⑧まで左に同じ
階数要件	4階以上 （租特令第25条の4②）	4階以上 （租特令第20条の2⑭）
事業区域面積要件	1,000㎡以上 （租特令第25条の4②）	1,000㎡以上 （認定再開発事業500㎡以上） （租特令第20条の2⑭）
公共施設整備要件	都市施設用地又は公開空地の確保 （租特令第25条の4②）	都市施設用地又は公開空地の確保（租特令第20条の2⑭）
従前権利者要件	・従前権利者2人以上 ・従後土地の所有権又は借地権が従前権利者を含む2人以上により共有（租特規第18条の6①）	・従前権利者2人以上 　（租特規第13条の3⑦）

166　**5**　民間の再開発事業に係る特例

Ⅲ　認定再開発事業

(1)　制度の概要

　都市再開発のマスタープラン（都市再開発方針）において再開発を促進すべき地区として指定された地区において、民間活力を活用した簡便な手続による再開発事業を支援するため、都道府県知事の認定を受けた優良な事業（認定再開発事業（第6章**3**参照））に対し税制の特例措置を講じるものです。

(2)　税制の特例措置

　長期譲渡所得の課税の特例（所得税（住民税）・法人税）

　一定の既成市街地等（Ⅰ　特定民間再開発事業(2)の適用対象区域と同じ。）内で行われる一定の要件を満たす認定再開発事業のために事業区域内の土地を譲渡した者に対して、以下の特例が適用されます。

- ・所得税（住民税）の軽減税率
  - 2,000万円以下の部分：10％（住民税4％）
  - 2,000万円超の部分　：15％（住民税5％）
- ・法人税の5％重課の適用除外

(3)　適用要件

　(2)については、一定の既成市街地等内で行われる認定再開発事業であるほか、次の要件に該当する必要があります。

- ・4階以上の中高層耐火建築物の建築を目的とする事業であること
- ・施行地区の面積が500㎡以上であること
- ・施行地区内の土地（借地権の設定がされている土地を除く。）につき所有権を有する者又は施行地区内の土地につき借地権を有する者の数が2以上であること

6 市街地再開発事業と消費税

(1) 施行地区内の従前の権利者が地区外に転出する場合

① 第一種市街地再開発事業における地区外転出者の資産に係る課税関係

　　第一種市街地再開発事業において、都市再開発法第71条第1項の規定による権利者から自己の有する建築物に代えて金銭の給付を希望する申出があった場合の当該建築物の施行者の取得（法第87条第2項本文）については、都市再開発法第91条第1項により支払われる当該建築物に係る補償金は、資産の譲渡の対価ではなく、権利の消滅の対価であり、かつ、消費税法施行令第2条第2項に規定する補償金に該当しないことから、不課税となります。

② 第二種市街地再開発事業における地区外転出者の資産に係る課税時期

　　第二種市街地再開発事業において、権利者から法第118条の2第1項の規定による譲受け希望の申出がなく、自己の有する建築物が施行者に買い取られる場合の当該建築物の施行者に対する譲渡に係る課税時期（課税資産の譲渡があったものとされる時期）については、消費税法取扱通達9―1―13に基づき、納税義務者である当該権利者の判断により(1)建物の引渡日又は(2)契約の効力発生日（所有権移転日）のいずれかを選択できます。

　　また、権利者の有する建築物が施行者に収用される（法第118条の26第1項）場合は、課税時期については、納税義務者である当該権利者の判断により(1)土地収用法第48条の規定による権利取得裁決において定められた権利取得の時期又は(2)同法第49条の規定による明渡裁決において定められた明渡しの期限のいずれかを選択できます。

③ 仕入税額控除

　　第二種市街地再開発事業において、施行者が地区外に転出する権利者の有する建築物を契約に基づき、又は収用により取得することは、事業として他の者から資産を譲り受けること（課税仕入れ）に該当することから、仕入税額控除できます。

168　**6**　市街地再開発事業と消費税

　　また、当該課税仕入れは、課税売上げ（権利床及び保留床の譲渡のう
ち建築物に係る部分並びに保留床の賃貸）に要するものか、非課税売上
げ（権利床及び保留床の譲渡のうち土地に係る部分）に要するものか区
別できないので、施行者の課税売上割合が95％未満の場合は、消費税法
第30条第2項第2号に基づき、当該課税仕入れに係る消費税額に課税売
上割合を乗じた額が控除できます。

⑵　**施行地区内の従前の権利者が権利床を取得する場合**

　①　第二種市街地再開発事業における従前資産に係る課税時期

　　　第二種市街地再開発事業において、権利者が都市再開発法第118条の
2第1項の規定による譲受け希望の申出をして、権利床を取得する場合
の当該権利者の有する建築物（従前資産）の譲渡に係る課税時期は、権
利床の取得に係る課税時期と同時期である従前資産の対償に代えて権利
床を取得した日（法第118条の18の規定により、建築工事完了の日の翌
日。）です。

　②　第二種市街地再開発事業における従前資産に係る課税標準

　　　第二種市街地再開発事業において、権利者が権利床を取得する場合の
当該権利者の有する建築物の譲渡に係る課税標準は、当該建築物の価額
の確定額（法第118条の23第2項の規定により、当該建築物の対償の額
に、契約に基づき、又は収用により施行者に取得された時から建築工事
完了の公告の日までの物価の変動に応ずる修正率を乗じて得たもの）で
す。

　③　仕入税額控除

　　　第二種市街地再開発事業において、施行者が権利床を取得する権利者
の有する建築物を契約に基づき、又は収用により取得することは、事業
としての他の者から資産を譲り受けること（課税仕入れ）に該当するこ
とから、仕入税額控除をすることができます。

　　　また、当該課税仕入れは、課税売上げ（権利床及び保留床の譲渡のう
ち建築物に係る部分並びに保留床の賃貸）に要するものか、非課税売上
げ（権利床及び保留床の譲渡のうち土地に係る部分）に要するものか区

別できないので、施行者の課税売上割合が95％未満の場合は、消費税法第30条第2項第2号に基づき、当該課税仕入れに係る消費税額に課税売上割合を乗じた額が控除できます。

④ 第二種市街地再開発事業における権利床に係る課税標準

第二種市街地再開発事業において、権利者が権利床を取得する場合の当該権利床の譲渡に係る課税標準は、当該権利床の価額の確定額（法第118条の23第3項の規定により、事業計画決定の公告の日等における近傍同種の建築物の取引価格等を考慮して定める相当の価額に事業計画決定の公告の日等から工事完了の公告の日までの物価の変動に応ずる修正率を乗じて得た額を基準として定めた額とされます。）です。

⑤ 第二種市街地再開発事業における施設建築物の工事請負等に係る仕入税額控除

第二種市街地再開発事業における施設建築物の工事請負等は、課税売上げである権利床（建物部分）及び保留床（建物部分）の売上げに要する課税仕入れであることから、施行者は、消費税法第30条第2項第1号の場合にあっては、課税資産の譲渡等のみに要する課税仕入れとして課税仕入れに係る消費税額を控除できます。

⑥ 清算金に係る課税関係

市街地再開発事業においては、権利者の施行者に対する従前資産である建築物の譲渡及び施行者の権利者に対する従後資産である権利床（ただし、第一種市街地再開発事業にあっては不課税）のであり、都市再開発法第104条又は第118条の24第1項の規定により、施行者が徴収し、又は交付する清算金については、従前資産と従後資産との差額の調整にすぎないことから、課税の対象外です。

⑶ **借家権価格の補償について**

第一種市街地再開発事業において、都市再開発法第71条第3項の規定による借家権の取得を希望しない旨の申出があった場合の都市再開発法第91条第1項の規定により支払われる借家権を失うことに対する補償金は、資産の譲渡の対価ではなく、権利の消滅の対価であり、かつ、消費税法施行令第2条

170 **6** 市街地再開発事業と消費税

第2項に規定する補償金に該当しないことから、当該補償金の支払いは、不課税となります。

(4) 参加組合員の負担金について

第一種市街地再開発事業における参加組合員の施設建築物の取得については、都市再開発法第40条第1項の規定による参加組合員の負担金（参加組合員が取得することとなる施設建築物の一部等の価額に相当する額）は、保留床の譲渡の対価と同一の性格を有し、資産の譲渡の対価と考えられることから、課税されます。

索　引

〔ア〕
明渡し……………………99

〔イ〕
意見書……………………48
一号市街地………………21
一体的施行……………… 121
一棟一筆の原則…………85

〔カ〕
買取申出制度……………24
価額の確定……………… 103
過小床……………………86
合併施行（同時施行）…… 121
仮換地指定……………… 121
換地処分………………… 121
管理規約………………… 108
管理処分計画…………… 117
管理処分手続…………… 116

〔キ〕
91条補償…………………97
97条補償…………………97
規準………………………52
規約（規準）……………46
均衡の原則………………86

〔ク〕
組合員……………………63

〔ケ〕
原則型……………………85
建築行為の制限…………70
建築施設の部分…………11
建築物等（従後）要件…… 127
権利床…………………… 6

〔コ〕
公共施設…………………11
公共施設管理者…………46,102
公告（認可公告）………47,48,
　　　　　 53,54,55,93,103
工事の完了公告……… 103,120
公衆の縦覧………………48
交付清算金……………… 103
高度利用地区…………… 26,38
公募………………………99,104
個人施行………………… 41,46

〔サ〕
再開発会社………………52
再開発等促進区…………29
再縦覧……………………48
参加組合員………………63

〔シ〕
使用収益権……………… 121
市街地改造法……………12
市街地再開発組合…………47
市街地再開発事業…………4,11
市街地再開発事業区……… 122
市街地再開発審査会……… 107
市街地再開発促進区域………23
事業基本方針……………47

〔ア〕
権利変換…………………6,82
権利変換期日……………93
権利変換処分……………93
権利変換手続開始の登記
　（70条登記）……………89,105
権利変換の登記（90条登記）
　………………………94,105

172　索　引

事業区域（従前）要件……126
事業計画………46,47,52,54,57
事業代行………………………102
事業の施行の方針……………49
施設建築物…………………6,11
施設建築敷地…………………11
施設建築物に関する登記
　（101条登記）…………103,106
施設建築物の一部……………11
施設建築物の一部等…………11
借地……………………………11
借地権…………………………11
借地権申告の手続……………48
借家権…………………………11
借家条件の協議・裁定……104
収用対象事業………………116
消費税………………………167
審査委員……………………107

〔セ〕

清算…………………………103
清算金………………………103
施行規程………………………54
施行区域要件…………………38
施行者…………………………11
施行地区…………………11,41
施行地区となるべき区域の
　公告……………………48,53
設計の概要……………………54
全員同意型……………………87

〔ソ〕

総会……………………………65
総代会…………………………65

〔タ〕

第一種市街地再開発事業
　〈権利変換方式〉………5,6,82
耐火要件………………………38

対償…………………………117
第二種市街地再開発事業
　〈管理処分方式（用地買収方式）〉
　………………………5,6,116
宅地……………………………11
立入り…………………………69
単位整備区……………………23

〔チ〕

地区外転出等の申出…………90
地区計画制度…………………28
地上権非設定型………………87
徴収清算金…………………103

〔ツ〕

通常議決………………………66
通常総会………………………65
通損補償………………………97
通知……………………………93,103

〔テ〕

定款…………………………47,63

〔ト〕

同意施行者……………………46
特定仮換地…………………123
特定建築者制度………………99
特定事業参加者………………67
特定事業参加者制度…………67
特定施設建築物………………99
特定地区計画等区域…………28
特定分譲……………………104
特定民間再開発事業………160
特定の民間再開発事業……163
特定用途誘導地区………28,38
特別議決………………………66
都市計画…………36,41,59,61
都市計画事業…………………41
都市再開発方針………………20

索　引　173

都市再生特別地区········　27,38
土地調書·······················71

　　　　〔ニ〕
二項地区·······················21
二号地区·······················21
認可·····················　57,62
認定再開発事業······10,125,166

　　　　〔ヒ〕
被災市街地復興推進地域······39
非都市計画事業················41
111条型権利変換············　87
110条型権利変換············　87
評価基準日·····················90

　　　　〔フ〕
賦課金·························67
部会·····························65
負担金·························67
物件調書·······················71
分担金·························67

　　　　〔ホ〕
防災建築街区造成法············12
防災再開発促進地区············39
保留床······················　6,104
保留床処分金··················　7

　　　　〔マ〕
前倒し組合················　47,49
増床·······················　6

　　　　〔ユ〕
譲受け希望の申出············　116
譲受け権······················　119

　　　　〔リ〕
理事、監事·····················65
理事長·························65

臨時総会·····························65

改訂3版　わかりやすい都市再開発法
―制度の概要から税制まで―

2007年6月21日　　第1版第1刷発行
2013年5月30日　　第2版第1刷発行
2018年6月20日　　第3版第1刷発行
2024年7月11日　　第3版第4刷発行

編　著　　都市再開発法制研究会

発行者　　箕　浦　文　夫

発行所　　株式会社大成出版社

東京都世田谷区羽根木1−7−11
〒156-0042　　電話03(3321)4131(代)

©2018　都市再開発法制研究会　　　　　　　印刷　亜細亜印刷
落丁・乱丁はおとりかえいたします。

ISBN 978-4-8028-3333-2